Neujahrsblatt

der Naturforschenden Gesellschaft Schaffhausen
Nr. 38/1986

D1728524

Die Neujahrsblätter werden mit Unterstützung der Johann-Conrad-Fischer-Stiftung von der Naturforschenden Gesellschaft Schaffhausen herausgebracht.

Weitere *Publikationen* sind die Mitteilungen der NG SH und die Flugblätter der *Fachgruppe für Naturschutz*. Die Gesellschaft unterhält ausserdem eine *Fachgruppe für Astronomie* (Betreuung der Sternwarte auf der Steig) und verschiedene *Sammlungen* (Herbarium, Entomologie, Lichtbilder).

Im Winterhalbjahr finden *Vorträge* und im Sommersemester *Exkursionen und Besichtigungen* statt.

Interessenten für eine Mitgliedschaft melden sich bei:

> Dr. R. Schlatter
> Präsident der NG SH
> Konservator
> Museum Allerheiligen, Telefon 053 5 43 77
> 8200 Schaffhausen

Innentitelseite: Bestätigung Nehers (Eisenwerk Laufen am Rheinfall) an J. C. Fischer, Bergwerks-administrator, für Bohnerzbezug aus dem Südranden, 27. Oktober 1838. (Staatsarchiv Schaffhausen) «Ab den Erzgruben aus dem Klettgau sind im Ganzen vom August bis heute 3913 ½ Kübel Erz abgeliefert worden – seye Dreytausend Neunhundert Zehn Drey ein halben Kübel, bescheinigt Eisenwerk Lauffen, den 27. October 1838, pr. Joh. Georg Neher, Conrad Neher» ▶

Redaktion der Neujahrsblätter:
Karl Isler, Lehrer, Pünt 207, 8211 Dörflingen

Verfasser dieses Heftes:
Christian Birchmeier, dipl. Geograph,
Breitenaustrasse 128, 8200 Schaffhausen

Titelfoto:
Max Baumann
Alle übrigen Aufnahmen stammen vom Verfasser

Druckerei Karl Augustin AG, Thayngen-Schaffhausen, 1985
Auflage: 2500 Stück
ISBN 3-85 805-080-6

Bohnerzbergbau
im Südranden

von Christian Birchmeier

Neujahrsblatt der Naturforschenden Gesellschaft Schaffhausen
Nr. 38/1986

Inhaltsverzeichnis

Vorwort

Das vorliegende Neujahrsblatt ist ein gekürzter und vereinfachter Auszug aus meiner Diplomarbeit, die im Wintersemester 1981/82 unter der Leitung von Herrn Prof. Dr. H. Haefner vom Geographischen Institut der Universität Zürich entstand. Für die Veröffentlichung bin ich der Naturforschenden Gesellschaft Schaffhausen zu Dank verpflichtet, gibt sie mir doch die Möglichkeit, damit einen erweiterten Interessentenkreis ansprechen zu können.

Wesentliche Kürzungen wurden vor allem bei den Anmerkungen, Abbildungen und in der Bibliographie vorgenommen. Einige Kapitel bleiben fast ganz unerwähnt. Das sehr umfangreiche Quellen- und Literaturverzeichnis wurde auf die wichtigsten Angaben reduziert. Das historische Quellenmaterial habe ich vor allem im Staatsarchiv Schaffhausen vorgefunden. Dort und auch in der +GF+-Eisenbibliothek, Klostergut Paradies, liegt je eine Kopie der ganzen Diplomarbeit zur Einsicht auf.

Bei meinen Untersuchungen erhielt ich von verschiedener Seite wertvolle fachliche Unterstützung. Stellvertretend für viele bin ich speziell zu Dank verpflichtet:

Prof. Dr. H. Haefner, Geographisches Institut Universität Zürich
Dr. H. Lieb und Frl. Waldvogel, Staatsarchiv Schaffhausen
Dr. F. Hofmann, Geologe, Neuhausen am Rheinfall
Prof. Dr. W. U. Guyan, Schaffhausen
Dr. K. Bächtiger, Mineralogisch-Petrographisches Institut ETH Zürich
Dipl. Geographin phil. II Erika Tanner, Romanshorn
K. H. Hermann, wissenschaftl. Assistent, Kantonsschule Schaffhausen
Ernst Schäffeler (†) und J. Schell, Vermessungstechniker
+GF+-Werkarchiv und -Eisenbibliothek, Klostergut Paradies
Kreiszolldirektion Schaffhausen und Kantonale Fahrzeugkontrolle SH
Bundesamt für Landestopographie, Wabern
und Schweiz. Geolog. Kommission, Basel.

Meinen Eltern, meinem Bruder und meiner Freundin danke ich für die Unterstützung während meines vielseitigen Studiums der Geographie.

Christian Birchmeier

Die Arbeit entstand verdankenswerterweise mit Unterstützung der Stiftung Eisenbibliothek +GF+, Klostergut Paradies.

Einleitung

Bei Wanderungen von Neuhausen am Rheinfall, Aazheimerhof, Wasenhütte, Rossberghof nach dem Bad Osterfingen waren mir schon immer die zahlreichen Trichtergruben in den Wäldern aufgefallen. Es sind kreisrunde bis ovale,
geschlossene Hohlformen, teils mit Wasser gefüllt. Zwischen den einzelnen Vertiefungen sind meist unregelmässig ausgebildete Wälle und Hügelchen einge-
schaltet (*Abb. 19/32*).

Es handelt sich dabei um Spuren eines alten Bohnerzbergbaus, der bis in die
Mitte des letzten Jahrhunderts betrieben wurde. Eine gebietsweise Häufung von
Dutzenden, ja Hunderten solcher Trichtergruben hat eine auffallende Ober-
flächengestaltung zur Folge.

In anderen Gegenden wurden solche Erscheinungen als Reste vorgeschichtli-
cher Wohnstätten, Fallgruben zu Jagdzwecken oder gar als Gruben eines Meiler-
platzes betrachtet. Die Hügelchen und Wälle zwischen den Vertiefungen wurden
irrtümlicherweise auch schon als Grabhügel interpretiert.

Ausgehend vom Vorhandensein Hunderter solcher Bohnerzgruben stellte
sich als Gesamtproblem der Diplomarbeit die Frage nach dem Umfang und der
Bedeutung der ehemaligen Bergbautätigkeit und ihrer Auswirkung auf die damalige Kulturlandschaft.

Das Untersuchungsgebiet und dessen Abgrenzung

Nach Angaben von Schalch[1] treten sowohl auf dem Reiat[2] als auch im Südranden des Kantons Schaffhausen Bohnerzvorkommen auf. Die vorliegende Untersuchung beschränkt sich auf die Region des Südrandens und hier wiederum auf
das Gebiet Wannenberg – Rossberg – Radegg – Neuweg – Spitzhau – Lauferberg
– Neuhauser Wald (*Abb. 2*).

Das Gebiet wird begrenzt im Norden durch die Klettgauebene, im Westen
durch das Wangental, im Süden durch die Linie Wangental–Jestetten–Neuhausen und im Osten durch die Engi.

Dieses Gebiet mit dem grössten Teil der Schaffhauser Bohnerzvorkommen
liegt in den Gemarkungen der Gemeinden Wilchingen, Osterfingen, Neunkirch,
Guntmadingen, Beringen und Neuhausen sowie in der Gemarkung Jestetten
(BRD). Weitere Bohnerzvorkommen liegen nordöstlich von Beringen (Färber-
wisli), auf dem Beringer Randen, im Eschheimertal, auf dem Griesbach und bei
Flurlingen oberhalb des Rheinfalls sowie westlich des Untersuchungsgebietes auf
dem Nappberg bei Albführen (BRD). Sie werden jedoch nicht berücksichtigt, da

es sich nur um sehr kleine Gebiete handelt, die zudem noch ausserhalb des topographisch einheitlichen und natürlich abgegrenzten Untersuchungsgebietes liegen.

Das letztere, bedeutendere Vorkommen war schon lange anderen politischen Gebieten (fürstenberg-fürstliche Grafschaften) zugehörig und weist somit, historisch gesehen, eine etwas andere, getrennte Entwicklung auf.

Stand der Forschung und bisherige Arbeiten

Das Vorhandensein der landschaftsprägenden Bohnerzlöcher beschäftigte seit langem schon Geologen und Historiker.

Frühere geologische Untersuchungen

Spezielle geologische Untersuchungen über das Bohnerz im Untersuchungsgebiet wurden bis 1920 kaum gemacht. Selbst während der Abbauperioden wurden keine Anstrengungen zur Abklärung von Lage und Abbauwürdigkeit der Erze vorgenommen.

Was wir über das geologische Auftreten wissen, ist durch die Arbeiten von Würtenberger[3] und vor allem Schalch[4] bekanntgeworden. Erste genauere Untersuchungen führte Baumberger[5] 1923 durch. Mit der geologischen Bearbeitung des Blattes Neunkirch der Landeskarte 1:25 000, als Beitrag zum Geologischen Atlas der Schweiz, liefert Hofmann[6] die neuesten Erkenntnisse über das geologische Erscheinungsbild des Untersuchungsgebietes.

Historische Arbeiten

Durch die erste und wichtigste Arbeit, diejenige von Lang[7], erhält man erstmals Einblick in die Geschichte des Bergbaus im Kanton Schaffhausen. Eine Arbeit von Weisz[8] gibt ebenfalls Wissenswertes über den Bohnerzabbau bekannt. Zudem lässt sich eine grosse Anzahl Zeitungsartikel und kleinere Arbeiten und Aufsätze über dieses Thema finden. Alle diese später erschienenen Publikationen stützen sich in der Hauptsache auf die genannte Arbeit Lang.

Weitere Publikationen

In diesem Zusammenhang sei noch auf drei deutsche Publikationen hingewiesen: Baier[9] stützt sich in seiner Arbeit vor allem auf sehr umfangreiches Aktenmaterial des Generallandesarchivs Karlsruhe, mit dem er den Eisenbergbau zwischen Jestetten und Wehr beschreibt. Sie ist, in ähnlicher Weise wie diejenige von Lang, sehr detailliert verfasst und gibt ebenfalls wertvolle statistische Angaben. Die Arbeit von Stoll[10] befasst sich vorab mit dem Eisenwerk Eberfingen im Wutachtal und dessen Holzversorgung. In einem einleitenden Kapitel befasst er sich mit der Lage, dem Aufbau, der Betriebsorganisation und der Erzbeschaffung des Werkes. Hauptteil seiner Arbeit bildet jedoch das Kapitel «Beschaffung des Holzes», das er aufgrund der Akten des fürstlich-fürstenbergischen Archivs in Donaueschingen für das 17. und 18. Jahrhundert sehr detailliert darstellen konnte. Eine geographische Arbeit, die sich mit einer genauen kartographischen Aufnahme von Bohnerzgruben befasst, liegt von Frei[11] aus dem Gebiet des nördlichen Alpenvorlandes (Nähe Augsburg) vor.

Geologie des Südrandens

Geologische Übersicht

Die geologische Situation des Untersuchungsgebietes ist in *Abb. 3* dargestellt. Das Gebiet gehört zur blossgelegten Hochzone der leicht nach Südosten abfallenden mesozoischen Schwarzwaldbedeckung. Es ist ein Ausschnitt aus jener ausgedehnten Malmplatte, die, dem Tafeljura angehörend, als breites Band im Südosten den Schwarzwald umsäumt. Das Untersuchungsgebiet wird im Blatt Neunkirch des Geologischen Atlas der Schweiz[12] (*Abb. 3*) fast vollständig zur Darstellung gebracht. Besonders verbreitet sind die siderolithischen Bildungen auf dem Südranden, und zwar in Form von bohnerzführenden Bolustonen.

Die Unterlage der Bohnerzformation

Die «Bohnerz»-Formation liegt direkt, aber leicht erosionsdiskordant auf dem oberen Malm[13] (Kimmeridge) auf, der stark verkarstet ist. Die Kalkunterlage ist karrenartig verwittert und weist Taschen, Rinnen und zuweilen tief in den Kalk hinuntergreifende Schlote auf.

Die Bedeckung der Bohnerzformation

Als Deckschichten der Bohnerzformation treten auf:
- Relikte der oberen Meeresmolasse
- Relikte der unteren Süsswassermolasse
- Relikte v. a. von Rissmoränen (Schutt)

Ihre Verbreitung ist auf der geologischen Karte ersichtlich. Ursprünglich waren wohl alle Plateauflächen durch Molasse eingedeckt. Heute treten in weiten Gebieten die Bolustone direkt an die Oberfläche, und nur die vielen, über die Bolustonfläche verstreuten Quarzgerölle aus zwei Molassezeiten erinnern an die ehemaligen Deckschichten.

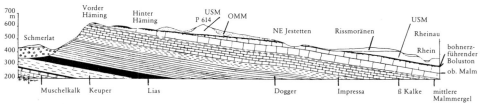

Fig. 1   Geolog. Profil des Südrandens (nach Dr. F. Hofmann, 1981).

Das Profil (*Fig. 1*) des Südrandens zeigt, dass die siderolithischen Rückstandssedimente (Bolustone) von Süden nach Norden auf immer tieferen jurassischen Schichten aufliegen, was auf eine Abtragungsphase der Unterlage während der Kreidezeit hinweist. Die Bohnerze liegen nicht überall konkordant auf dem Malm, nur im Süden (im Raum NE Jestetten bis zum Rhein) liegen sie, zwar überdeckt, konkordant auf.

Die Bohnerzformation

Wie die geologische Karte (*Abb. 3*) und das obige Profil zeigen, ist die Erzlehmdecke im Klettgau ziemlich ausgedehnt. Die Vorkommen liegen zwischen etwa 500 m und 640 m ü. M. und umfassen eine Fläche von ca. 7 km².

Die Mächtigkeit der Bolustone wird von verschiedenen Autoren unterschiedlich gross angegeben. Sie schwankt von wenigen dm (Baumberger) bis zu 20–30 m (Schalch u. Hofmann). Genauere Feststellungen im Untersuchungsgebiet sind heute mangels tiefer Aufschlüsse nicht möglich, einzig Bohrungen würden zu konkreteren Angaben führen.

Die Siderolith- oder Bohnerzformation besteht aus kaolinitischen Bolustonen mit einem relativ hohen Gehalt an:

$Al_2 O_3$ (22–30 %, gelegentlich mehr)
SiO_2 44–60 %
Tonerde   20–34 %
Eisenoxid   6–17 %

Bolustone sind ockergelbe bis braun gefärbte, bohnerzhaltige, kalkfreie Tone. Sie zeigen verschiedene Grade der Reinheit und sind stellenweise eisenfrei und weiss ausgelaugt. Die Tone sind nicht geschichtet, von körniger Struktur und im Naturzustand relativ grobdispers und wenig plastisch. Diese relativ feuerfesten kaolinitischen Tone eignen sich gut zur Herstellung von Tonwaren. Sie werden heute noch beispielsweise auf dem Reiat durch die Ziegelei Lohn ausgebeutet und zur Backsteinherstellung verwendet.

Das Bohnerz

Die Erze selbst erscheinen meist als lose, von Ton umschlossene «Bohnen» (*Abb. 1*). Hie und da finden sich am Grunde der Bohnerzformation auch ganze Krusten (Fuet), die aus «verwachsenen» oder zusammengekitteten «Bohnen» bestehen. Die Erzbohnen liegen oft vom Regen ausgeschwemmt direkt an der Oberfläche, treten aber in der Regel erst in grösserer Tiefe, manchmal erst unmittelbar über dem jurassischen Untergrund auf. Mit zunehmender Tiefe können Grösse und Mengen derart zunehmen, dass der Ton letztlich fast ganz verdrängt wird und ein dichtes Konglomerat von Erzbohnen vorliegt.

Wichtig ist die Tatsache, dass das Bohnerz keine zusammenhängenden Schichten, sondern nur unregelmässig auftretende Nester, sogenannte Bohnerztaschen bildet. Als Anschauungsbeispiel dafür mag die heute genutzte Bolustongrube südlich von Lohn dienen, wo die Bohnerznester zeitweise offen zutage treten.

Über den mittleren Gehalt an Erzbohnen im Boluston liegen keine konkreten Angaben vor, er dürfte aber nach Hofmann kaum höher als 10 % sein.

Der Durchmesser der Erzbohnen liegt im allgemeinen unter 30 mm. Sie sind nach eigenen Beobachtungen und Funden gewöhnlich etwa erbsen- bis nussgross. Sie besitzen eine kugelige Gestalt. In gewaschenem Zustand erscheint ihre Oberfläche schwarzbraun und weist manchmal metallisch glänzende Stellen auf (*Abb. 1*). Werden die Bohnen aufgeschlagen, lassen sie einen schaligen Aufbau erkennen.

Die Entstehung der Bohnerzformation

Der Verfasser stützt sich in diesem Kapitel auf die neuesten Erkenntnisse, die mit der Herausgabe des Blattes Neunkirch des Geologischen Atlas der Schweiz publiziert worden sind.

11

Die bohnerzführenden Ablagerungen (Bolustone) entwickelten sich unter terrestrischen Bedingungen in tropischem Klima. Hofmann erklärt deren Entstehung folgendermassen:

«Am Ende der Jurazeit wurde der Meeresboden nördlich einer Linie die etwa von Biel nach Sargans verlief, gehoben und das Gebiet verlandete. Während der Kreidezeit und dem Alttertiär, d. h. während rund 100 Millionen Jahren, herrschten auf dem herausgehobenen Land terrestrische Verhältnisse.

Bei tropischem Klima entstanden Rückstands- und Auslaugungssedimente geringer Mächtigkeit auf einer verkarsteten Jura-Kalk-Oberfläche. Die Bildung dieser Rückstände muss bereits in der Kreidezeit begonnen haben. Es fanden nicht nur Bildungen von Rückstandssedimenten in situ durch Entkalkung der obersten jurassischen Schichten statt, sondern offenbar auch eine grössere Materialzufuhr durch periodische Wasserläufe ...

Vor allem offenbar während des Alttertiärs (Paläozän–Eozän) fand kräftige Auslaugungsverwitterung der zugeführten und der in situ entstandenen entkarbonatisierten Bildungen statt, die oft in Vertiefungen der Karstoberfläche des Juras zusammengeschwemmt wurden – nicht selten auch in tief hinabreichende Spalten und Taschen.

Aus den tonigen Rückständen entstanden in der Folge langfristiger Auslaugung durch aggressive tropische Regenwässer und damit verbundene Kieselsäureabfuhr die kaolinitischen Bolustone ...

Es ist sehr wahrscheinlich, dass es sich bei der Entstehung der Bolustone nicht um rein chemische Auslaugungsprozesse, sondern auch um biogene Erscheinungen handelte.»

Der Fe-Gehalt der Bohnerze

Primär setzen sich die Bohnerze aus Goethit und Limonith (Nadeleisenerz) zusammen. Eine Gesamtanalyse von Bohnerz aus der Zeit des Bergbaus liegt nicht vor. Nach Imthurn wurde 1840 der Eisengehalt des roh geförderten Bohnerzes auf 35 %, nach Würtenberger 1870 auf ca. 36 % geschätzt. Baumberger liess 1920 durch die Studiengesellschaft zur Nutzbarmachung schweizerischer Erzlagerstätten eine Analyse von Bohnerz aus dem «Häming» anfertigen. Das Ergebnis brachte einen Eisengehalt von 40,30 %. Schalch gibt in seinen Erläuterungen zu den geologischen Spezialkarten Gehalte von 35–49,84 % an. Nach Hofmann betrug der Eisengehalt einer Probe aus Lohn 42,8 %, der Durchschnitt mehrerer Proben jedoch 40–45 %. Eine neuere mineralogische und geologische Bearbeitung von Bohnerzvorkommen in Baden-Württemberg, die sich weitgehend auf die Schaffhauser Verhältnisse übertragen lässt, stammt von Eichler. Er ermittelte einen Fe-Gehalt der Vorkommen in der Gegend von Liptingen von 39,5 %.

Geschichtlicher Überblick über den Eisenbergbau in der Schweiz

Es ist nicht Ziel dieses Kapitels, einen umfassenden Überblick über die Geschichte des Eisenwesens in der Region Schaffhausen zu geben. Viele Schriften von kompetenten Historikern, u. a. Lang 1903, Guyan 1946, 1964, Schib 1966, 1972 befassen sich bereits damit[14].

Die Zeit bis zum Ende des Mittelalters

Die ältesten Spuren von Eisenschmieden im Kanton Schaffhausen kamen durch Ausgrabungen im römischen Juliomagus (Schleitheim) zutage. Funde einer Grabung bei Bargen wiesen aufgrund der Radiokarbonanalyse ein Alter von rund 1100 bis 1300 Jahren auf und sind wohl Spuren des ältesten alemannischen Verhüttungsplatzes im Kanton Schaffhausen.

Die Eisengewinnung im Schaffhauser Gebiet wird in der Merishauser Urkunde vom Jahre 1323 mit der Nennung von Schmelzöfen – «bleie» ist mittelhochdeutsch und heisst Schmelzofen – erstmals belegt. Bemerkenswert ist die Konzentration der mittelalterlichen Verhüttungsstellen auf die in den Kessel von Schaffhausen mündenden Randentäler (Durachtal, Hemmental, Lieblosental) sowie auf das Ergoltingertal in der Nähe des Untersuchungsgebietes. Als Zentren galten insbesondere Oberbargen und Merishausen (*Fig. 2*).

Die ungleichmässige Verteilung der Verhüttungsorte dürfte auf die Notwendigkeit grosser Holzvorkommen und Wasser in deren unmittelbaren Umgebung zurückzuführen sein. Die damaligen Schmelzöfen (in der Rennfeuertechnik betrieben) benötigten grosse Mengen Holzkohle. Sobald die Holzvorräte in der Umgebung eines Ofens erschöpft waren, musste dieser verlegt werden. Da die Eisenwerkstätten deshalb mobil sein mussten, nimmt man an, dass die Ausmasse der Anlagen bescheiden waren.

Als weiterer Standortfaktor ist das Wasser zu nennen. Die Lage der Öfen in mehr oder weniger wasserreichen Tälern bestätigt dies. Das Wasser wurde nicht nur zum Waschen des Erzes, sondern auch beim Schmieden zum Abschrecken der glühenden Eisenmassen benötigt.

Mit der Weiterentwicklung des Rennofens zum sogenannten Stückofen setzte ab dem 13. Jahrhundert auch die Verlagerung der Eisenwerkstätten an grössere Flüsse und Bäche ein. Die Schmelzen in Eberfingen, an der Wutach und im Laufen am Rheinfall sind entsprechende Beispiele dafür. Einerseits lockten

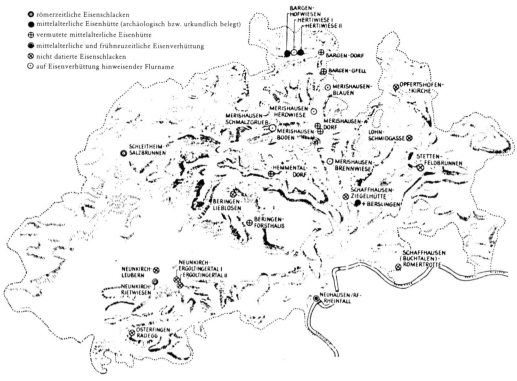

römerzeitliche Eisenschlacken
mittelalterliche Eisenhütte (archäologisch bzw. urkundlich belegt)
vermutete mittelalterliche Eisenhütte
mittelalterliche und frühneuzeitliche Eisenverhüttung
nicht datierte Eisenschlacken
auf Eisenverhüttung hinweisender Flurname

BARGEN-
HOFWIESEN
HERTIWIESE I
HERTIWIESE II

BARGEN-DORF

BARGEN-GFELL

OPPERTSHOFEN-
KIRCHE

MERISHAUSEN-
BLAUEN

MERISHAUSEN-
HERDWIESE

MERISHAUSEN-
SCHMALZGRUEB

MERISHAUSEN-
DORF

MERISHAUSEN-
BODEN

LOHN-
SCHMIDGASSE

SCHLEITHEIM-
SALZBRUNNEN

STETTEN-
FELDBRUNNEN

HEMMENTAL-
DORF

MERISHAUSEN-
BRENNWIESE

SCHAFFHAUSEN-
ZIEGELHÜTTE

BERSLINGEN

BERINGEN-
LIEBLOSEN

BERINGEN-
FORSTHAUS

SCHAFFHAUSEN
(BUCHTALEN)-
RÖMERTROTTE

NEUNKIRCH-
LEUBERN

NEUNKIRCH-
ERGOLTINGERTAL I
ERGOLTINGERTAL II

NEUHAUSEN/RF-
RHEINFALL

NEUNKIRCH-
RIETWIESEN

OSTERFINGEN-
RADEGG

Fig. 2 Mittelalterliche Eisenschlacken-Fundstellen im Kanton Schaffhausen (nach Prof. Dr. W. U. Gujan, 1964).

die Wasserkräfte als konstante Energieträger und andererseits als günstige Transportwege. Es verkehrten beispielsweise Erzschiffe von Rheinau nach Albbruck (westlich von Waldshut), und auf der Wutach wurde Holz geflösst.

So verschwanden allmählich die Eisenschmelzen aus den Randentälern. Nach der Chronik von Rüeger wurde im Gebiet von Merishausen am Ende des 16. Jahrhunderts kein Erz mehr verhüttet.

Die Zeit der Hochofenanlagen in Jestetten, Laufen am Rheinfall und Eberfingen an der Wutach

Bereits vor 1400 standen am Rheinfall nebst Mühlen auch Eisenschmieden in Betrieb. Bohnerze (erste urkundliche Erwähnung von Funden: 1586) wurden jedoch im Hochofen von Jestetten verhüttet. Das Ausbeutungsrecht stand dem

14

Grafen von Sulz zu. Er liess im Frühjahr 1588 einen Hochofen erbauen, und im Spätherbst konnte mit der Verhüttung von Bohnerz begonnen werden. Kurze Zeit später entschloss sich der Graf, mit dem schaffhauserischen Eisenschmied Hurter, der im Besitze der Schmieden am Rheinfall war, geschäftliche Verbindungen einzugehen und ein gemeinsames Unternehmen zu gründen. So war Sulz für den Abbau und die Verhüttung des Erzes, Hurter für die Weiterverarbeitung zuständig. Der erhoffte Erfolg des Unternehmens blieb aber aus. Als Hurter versuchte einen Teil der Geschäfte auf eigene Rechnung zu tätigen, kam es 1614 zum Streit und schliesslich zum Bruch der beiden Vertragspartner. Der Sulzsche Hochofen in Jestetten ging wenige Jahre später infolge Holzmangels und Verschuldung des Grafen ein.

Das neue Werk, das man als Nachfolgewerk von Jestetten bezeichnen kann, wurde 1622, offenbar der Wasserverhältnisse wegen, in Eberfingen gebaut. Als Teilhaber zeichneten die Abtei St. Blasien, welche Holz und Holzkohle aus dem Schwarzwald lieferte, die Grafen von Sulz und Leiningen, die das Erz lieferten, und der Landgraf von Stühlingen. Die Zusammenarbeit war jedoch schlecht, da jede Partei auf den eigenen Vorteil schaute. Schon ab 1623 hatte die Schmelze Verluste zu verzeichnen. Als 1649 der Fürst von Fürstenberg zusammen mit Sulz das Werk aufkaufte, war dessen Weiterexistenz jedoch gesichert.

Da sich die Sulzschen Gruben langsam erschöpften (z. B. auf dem Nappberg bei Albführen, BRD) und der Bedarf an Erz nicht mehr gedeckt werden konnte, kam die Anregung zur Ausbeutung der Vorkommen im Schaffhauser Gebiet. Die Besitzer der Eberfinger Schmelze traten in Verhandlungen mit der Obrigkeit in Schaffhausen, denn seit 1650 hatte der Rat zu Schaffhausen die Hoheitsrechte über den Klettgau inne. Schaffhausen räumte den Unterhändlern Fürstenbergs eine Erlaubnis ein, für 15 Jahre auf dem Rossberg nach Bohnerz graben zu dürfen. Eberfingen hatte aber auf gewisse Forderungen Schaffhausens einzutreten.

Erste Abbauperiode 1678–1771

1678 schloss Schaffhausen mit dem Werk Eberfingen einen Erzliefervertrag ab. Dabei verpflichtete sich Eberfingen u. a., das Erz auf eigene Kosten graben, waschen und transportieren zu lassen, dem Säckelamt Schaffhausen vierteljährlich für jeden Kübel Erz einen bestimmten Betrag zu entrichten sowie die an Wald und auf den Feldern angerichteten Schäden zu vergüten. 1693 wurde der auslaufende Vertrag mit Eberfingen um weitere 15 Jahre verlängert. Wie bedeutungsvoll das Werk Eberfingen für die damalige Zeit war, geht daraus hervor, dass Schaffhausen angesichts der Wirren des Spanischen Erbfolgekrieges 1713 an der Badener Tagsatzung einen Schutzbrief für Eberfingen (*Fig. 3*) erwirkte.

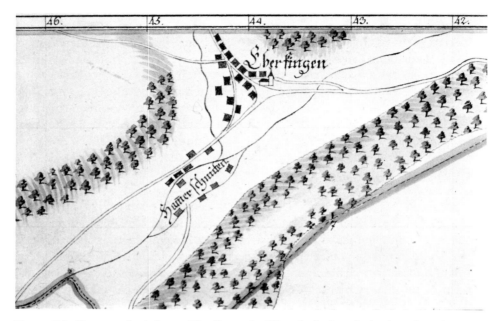

Fig. 3 Die Hammerschmiede von Eberfingen (im Wutachtal). Ausschnitt einer Grenzkarte von Hptm. Heinrich Peyer, um 1650 (Staatsarchiv Schaffhausen).

Der Bau einer Eisengiesserei am Rheinfall wurde 1630 beschlossen. Bis zu diesem Zeitpunkt waren dort nur Schmieden in Betrieb. Ende des 17. Jahrhunderts schlossen sich der Schaffhauser Heinrich Horn und der Basler H. J. Schmied zwecks Pacht und Erweiterung des Eisenwerkes am Rheinfall zusammen. Sie richteten 1693 ein Gesuch für eine Grabungskonzession an den Schaffhauser Rat. Dem Gesuch wurde entsprochen und dem Unternehmen der Lauferberg als Grubenbezirk zugewiesen.

Ab 1694 wurden somit zwei bedeutende Werke (Eberfingen und Laufen am Rheinfall) mit Bohnerzen aus dem Klettgau beliefert. Die beiden Unternehmen traten dabei immer stärker in Konkurrenz, was ab 1730 zu verschiedenen Streitigkeiten führte. Dazu vermehrten sich die wirtschaftlichen Schwierigkeiten. Infolge der kostspieligen Holzbeschaffung aus dem Schwarzwald, der wachsenden Konkurrenz durch (billigeres) Importeisen und der steigenden Arbeitslöhne wegen erfolgte 1762 die Stillegung des Betriebes Eberfingen, 1771 diejenige des Werkes am Rheinfall.

So wurde auch der Bohnerzbergbau im Südranden eingestellt, und damit versiegte eine nicht unbedeutende Einnahmequelle der beteiligten Bevölkerung und für die Stadt Schaffhausen.

Die Schmieden am Rheinfall bestanden aber weiterhin. Sie bezogen die jährlichen 400–500 Masseln Eisen (Massel = Handelsform von Roheisen, *Fig. 19, S. 52*) fortan vom Eisenwerk Albbrugg/Albbruck am Rhein. Das Werk Albbrugg, 1681 von Basler Unternehmern gegründet und bis 1680 bestehend, bezog seine Erze vor allem aus dem Fricktal und aus der Gegend von Tegerfelden.

Zweite Abbauperiode 1798–1804

Die Wiederbelebung verdankte der Klettgauer Bergbau der Helvetik. Der neue helvetische Einheitsstaat verstaatlichte alle Bergbaubetriebe, und die neueingesetzte «Bergwerksadministration» überprüfte die Abbaumöglichkeiten in Schaffhausen (*Fig. 4, Abb. 21/22*). Sie beschloss 1803 die Wiederaufnahme des Bohnerzbergbaus im Südranden, vor allem im Gebiet der Gemeinde Osterfingen. Die Gemeinde Wilchingen legte Einspruch ein, da sie ebenfalls berücksichtigt werden wollte. Die wirtschaftliche Situation der Gemeinden war äusserst prekär. Der Bergbau war deshalb eine willkommene Verdienstmöglichkeit. Im

Fig. 4   Briefkopf der Bergwerksadministration, 1801 (Staatsarchiv Schaffhausen).

gleichen Jahr fielen sämtliche Regalien aufgrund der von Napoleon angefertigten und aufgezwungenen eidgenössischen und 19 kantonalen Verfassungen an die Kantone zurück. Das Verfassungswerk erhielt den Namen «Vermittlungsakte» oder «Mediationsverfassung». Sie stellte den Staatenbund wieder her. Die Mediationsakte war Grundlage für die erste Kantonsverfassung Schaffhausens. Damit unterstand eine Weiterführung des Bohnerzabbaus den Beschlüssen des neu konstituierten Grossen Rates. Auf die Einnahmen aus dem Bergbau wollte man nicht verzichten. Auf eine Wiederinbetriebnahme des Eisenwerkes Laufen, d. h. des Hochofens, musste wegen akuten Holzmangels vorerst verzichtet werden. Das Erz wurde deshalb von Fuhrleuten zu einem speziell eingerichteten Erzlagerplatz nach Rheinau transportiert, von wo es mit Weidlingen zur Eisenhütte Albbruck geschifft wurde.

Dritte Abbauperiode 1804–1850

Die Geschichte des Schaffhauser Bergbaus während des Zeitraumes von 1804–1850 ist aufs engste mit dem Namen Johann Conrad Fischer, dem Gründer der Mühlentalwerke +GF+, verknüpft. Fischer bekleidete nach der Wahl durch den Grossen Rat das Amt des Bergwerksadministrators und wachte somit auch über die Bohnerzgruben. Die Erzförderung, die bis zu jenem Zeitpunkt den Charakter eines ungeordneten Abbaus aufwies, entwickelte sich zu einem fachmännisch geführten Betrieb. Fischer zog ausländische Fachleute zur Beratung beim Grubenbau und vor allem für den hier erstmals angewendeten Stollenbau bei. Er bemühte sich um Koordination von Bergbau und Forstwesen, veranlasste eine geometrische Aufnahme der Gruben und Holzfuhrwege (*Fig. 5/6*) und eröffnete neue Gruben. Das Schwergewicht des Grubenbaus lag weiterhin auf dem Südranden; nach 1810 aber wurden auch auf dem Reiat bei Lohn und Herblingen Gruben eröffnet.

Nun erfuhr die Bohnerzgewinnung eine so grosse Steigerung, dass die Menge der Erzlieferungen die Kapazität des Werkes Albbrugg zu übersteigen begann. Fischer fand zusätzliche Abnehmer im Eisenwerk bei Bregenz am Bodensee und im Eisenwerk Wehr, östlich von Basel.

Ab 1807 reduzierte Albbrugg auf Veranlassung der badischen Regierung nach und nach seine Erzbezüge aus Schaffhausen und fiel 1815 nach der Verstaatlichung als Erzabnehmer ganz aus.

1810 wurde der Schmelzofen am Rheinfall wieder in Betrieb genommen. Der Wiederaufbau und die Wiedereröffnung des in der Zwischenzeit verfallenen Hochofens war dem Württemberger Johann Georg Neher zu verdanken. Nach anfänglichen Schwierigkeiten begann das Werk zu florieren. Solange Neher nur Schaffhauser Erz beziehen konnte, führte dies zwangsläufig zu Auseinander-

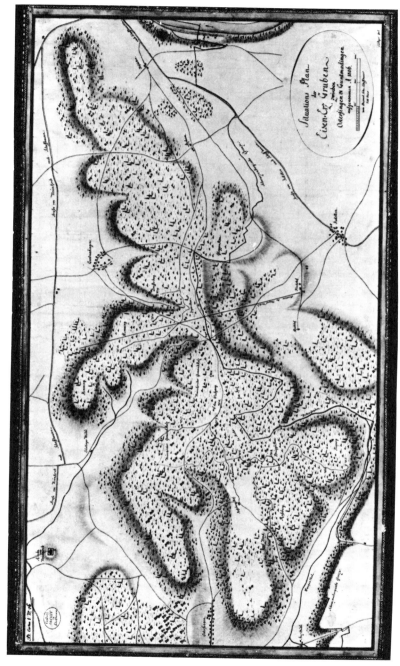

Fig. 5 Situationsplan der Eisenerzgruben zwischen Osterfingen und Guntmadingen, 1806, nach Ludwig Peyer und J. J. Imthurn. Diese Karte wurde im Auftrag von J. C. Fischer erstellt. (Staatsarchiv Schaffhausen).

19

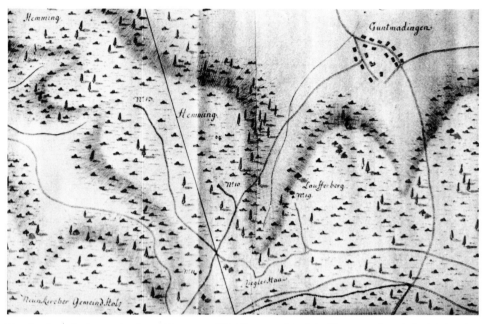

Fig. 6 Ausschnitt aus der Peyer-Karte von 1806 (Staatsarchiv Schaffhausen). Deutlich sichtbar die numerierten Bohnerzgruben Nr. 10/11/13/19 und die Erzfuhrwege.

setzungen mit der Bergwerksadministration über die Erzpreise. Mit Neher, als dem Vertreter der Privatindustrie, und Fischer, als Anwalt der staatlichen Interessen, standen sich zwei dominierende Persönlichkeiten gegenüber. Der Kanton war vorerst die preisbestimmende Partei. Doch als Neher 1823 das Gonzener Eisenbergwerk bei Sargans kaufte, wurde er weitgehend unabhängig vom Schaffhauser Bohnerz. Er bezog immer weniger Erz aus dem Südranden. Der finanzielle Ertrag für Schaffhausen schrumpfte zusehends, und da die Gemeinden, in deren Gebiet die Gruben lagen, immer höhere Entschädigungen für Waldschaden forderten, wurde der Bergbau laufend unrentabler.

Der Import billigeren ausländischen Eisens, das nun auf dem Schienenweg transportiert werden konnte, und der Mangel an Holzkohle führten 1850 zur Stillegung des Hochofens. Allein ein 1835 gebauter Kupolofen zur Schmelzung des Gonzener Roheisens blieb in Betrieb. Mit der Stillegung des Hochofens fiel auch die Arbeit in den Bohnerzgruben für die Klettgauer dahin.

1853 wurde in unmittelbarer Nähe von Nehers Eisenwerk die Waggonfabrik gegründet, aus der später die SIG hervorging. Einer der drei Söhne Nehers, die er übrigens alle zu Bergwerksleuten ausbilden liess, war daran beteiligt. Das bot der Giesserei Nehers neue Möglichkeiten. Er begann Eisenbahnbestandteile zu pro-

20

duzieren. 1858 verstarb Neher, und sein Unternehmen wurde unter der Bezeichnung «Joh. G. Nehers Söhne, Eisenwerk Laufen» weitergeführt. Im gleichen Jahr erreichte die Eisenbahn von Basel aus Schaffhausen. Der Bahnbau selbst brachte den Eisenwerken am Rheinfall einen letzten konjunkturellen Höhepunkt. Die Bahn ermöglichte jedoch dann die Lieferungen billigeren Eisens aus dem Ausland, was sich für die Werke am Rheinfall negativ auswirkte. Unter diesen Umständen ist es erstaunlich, dass Plons (Gonzen) sein Roheisen noch bis 1872 (Stillegung 1878) an das Eisenwerk Laufen liefern konnte und damit den Gesamtbedarf des Werkes deckte.

Die Erben Nehers schlossen 1887 mit der neugegründeten «Schweizerischen Metallurgischen Gesellschaft», die sich mit dem Problem der Aluminiumherstellung befasste, einen Vertrag über die Verpachtung der Wasserkräfte und der Werkanlagen des Eisenhüttenwerkes. Das Unternehmen begann 1888 auf den Grundstücken der Neherwerke am Rheinfall mit der Gewinnung von Aluminium auf dem Wege der Elektrolyse. Ein Jahr später konstituierte sich die heutige «Aluminium-Industrie AG». 1896 wurde die sich immer mehr entwickelnde Eisengiesserei von Fischer in eine Aktiengesellschaft umgewandelt.

Damit war das Schicksal des einst so angesehenen Eisenwerkes Laufen am Rheinfall besiegelt. Für die Ostschweiz war es über 70 Jahre der wichtigste Lieferant für alle Eisenprodukte gewesen.

Die Bohnerzgruben im Kartenbild

Topographische Karten

Dass die zahlreichen Bohnerzgruben – Baumberger spricht von 700, Hofmann sogar «von gegen tausend» – in topographischen Karten nicht öfter verzeichnet wurden, ist erstaunlich. Angaben über den Bergbau sind in Karten sehr spärlich zu finden. Kartenuntersuchungen von Herrn H. P. Rohr[15] haben, ausser auf einer einzigen alten Karte, keine Hinweise erbracht.

Die erste kartographische Erwähnung von Bohnerzgruben finden wir auf einer Karte von Matthäus Schalch aus dem Jahre 1714 (*Fig. 7*).

Es handelt sich dabei, wie der Ausschnitt zeigt, nur um eine summarische Erwähnung «Ertz=gruben» im Raume des Untersuchungsgebietes. Daneben sind noch die «Schmeltz= u. Schmidten» am Rheinfall aufgeführt.

Auf einer im Staatsarchiv Schaffhausen aufbewahrte Karte von 1806, aufgenommen von Ludwig Peyer und J. J. Imthurn (*Fig. 5/6*) im Auftrage der Regierung, finden sich die damals unter J. C. Fischer in Betrieb stehenden 19 Gruben einzeln aufgeführt.

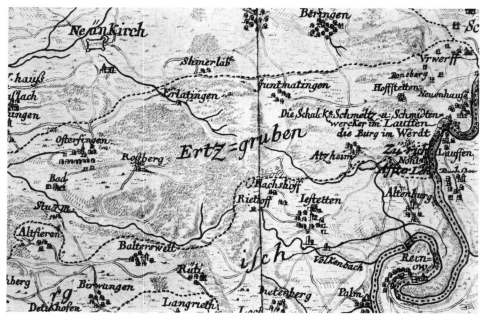

Fig. 7   Ausschnitt aus der Karte von M. Schalch, 1714 (Stadtbibliothek Schaffhausen).

Eine Anzahl grösserer Gruben sind in den «Siegfriedkarten», Massstab 1:25 000, des sogenannten «Topographischen Atlas der Schweiz» eingezeichnet. Im Verhältnis zur sehr grossen Anzahl der Grubenlöcher geben diese Angaben nur einen bescheidenen Eindruck der Wirklichkeit wieder.

Bei der Ausgabe der neuen Landeskarten im Massstab 1:25 000 wurde auf eine Signatur «Bohnerzlöcher» sogar ganz verzichtet.

Dagegen enthält die 1961 erschienene Schulkarte des Kantons Schaffhausen von Ed. Imhof Signaturen (*Abb. 2*), die auf die Bohnerzlöcher aufmerksam machen. Doch auch diese vermögen nur einen groben Hinweis auf die Gruben zu geben.

Auf dem Grundbuchplan der Gemeinde Neunkirch im Massstab 1:5000 sind etliche Grubenlöcher eingezeichnet. Diese Eintragungen sind jedoch, wie die Feldbegehung gezeigt hat, nur unvollständig und entsprechen nicht den tatsächlichen Verhältnissen.

Dagegen gibt die von der Orientierungslaufgruppe Schaffhausen herausgegebene OL-Spezialkarte «Lauferberg» einen detaillierten Überblick über die Grubenlöcher auf dem Häming und dem Lauferberg (*Abb. 4*). Speziell diese Karte hat dem Verfasser das Auffinden der in diesem Gebiet gelegenen Gruben wesentlich erleichtert.

Alle genannten Karten können jedoch weder für eine Einordnung der Grubenfelder nach bestimmten Abbauperioden noch für eine Gesamtkartierung herangezogen werden, da sie zuwenig Information enthalten.

Geologische Karten

Die Begriffe «Grube» und «Grubenfeld»

Ziel einer geologischen Kartierung ist es unter anderem, kleine Oberflächenformen wie beispielsweise Bohnerzlöcher als einzelne Gruben oder als Grubenfelder zu erfassen. Vor der Besprechung der einzelnen Karten drängt sich deshalb eine Begriffsklärung auf.

Unter «Bohnerz-Grube» (Bohnerzloch oder Trichter, Trichtergrube) soll eine einzelne – kleine oder grosse – Grube, aus welcher Bohnerz entnommen wurde, verstanden werden.

Als «Grubenfeld» dagegen wird eine Ansammlung von mehr als vier Gruben bezeichnet.

Die öfter dichte Ansammlung kleinster Gruben auf engem Raum zwingt den kartierenden Geologen und den Kartographen zur Generalisierung. Bei der Besprechung der verschiedenen geologischen Karten ergeben sich darum Schwierigkeiten, die Signaturen nach Einzelgruben und Grubenfeldern zu unterscheiden.

Fünf Beispiele geologischer Karten

Von den alten geologischen Karten bringt als erste das Blatt III der Geologischen Karte der Schweiz im Massstab 1:100 000 das ganze Untersuchungsgebiet zur Darstellung. Auf eine spezielle Signatur, die eine genauere Lokalisierung von Bohnerzgruben erlaubt hätte, wurde verzichtet.

In der geologischen Karte 1:25 000 der nördlichen Teile des Kantons Zürich hat Hug 1907 erstmals mit einer speziellen Signatur (∪) konkretere Hinweise auf die Lage der Bohnerzgruben gegeben (*Abb. 7*).

Vergleicht man den Ausschnitt der Hug-Karte mit neueren Aufnahmen oder mit den tatsächlichen Verhältnissen im Gelände, dann sieht man, dass die Signaturen lediglich einige wenige Lagen von Gruben*feldern* und nicht einzelner Gruben bezeichnet. Ein Vergleich mit neueren geologischen Karten zeigt auch, dass deren Lage zuweilen ungenau aufgenommen ist. Insbesondere wurden bedeutende Grubengebiete gar nicht aufgeführt.

Ferdinand Schalch vermittelt mit seinen 1916, 1921 und 1922 veröffentlichten geologischen Spezialkarten des Grossherzogtums Baden im Massstab 1:25 000 ein schon wesentlich detaillierteres Bild (*Abb. 8*).

Ein Vergleich mit der Karte von Hug verdeutlicht, dass die Lage der Grubenfelder exakter und zudem eine wesentlich grössere Anzahl festgehalten sind. Die Feldbegehung zeigte jedoch, dass der Autor mit seiner Signatur (o) auch einzelne grosse Gruben bezeichnete. Zudem ergab die Feldarbeit, dass eine Vielzahl der Gruben und Grubenfelder der Schalchschen Karte im Gelände nicht mehr zu finden sind. Ein Vergleich mit der Karte von Hofmann bestätigt dieses Ergebnis: Schalch führt Gruben und Grubenfelder auf, die auch Hofmann nach seinen bis heute wohl exaktesten Untersuchungen nicht vorgefunden hat; siehe dazu den Vergleich von Karten am Schluss dieses Kapitels (*Fig. 8*).

Einen ersten umfassenden Überblick gibt Baumberger mit seiner Karte 1:25 000 über das Untersuchungsgebiet (*Abb. 5/6*). Es ist gegenüber Schalch detaillierter, hält auch, wie die Legende zeigt, wesentliche Einzelheiten wie Stollen, Schächte usw. fest. Zudem hat er versucht, die 19 Gruben nach der Peyerschen Karte von 1806 zu lokalisieren, wobei ihm aber einige Fehler unterlaufen sind.

Baumberger definiert Grubenfelder als eine relativ grosse Ansammlung einzelner Bohnerzgruben. Die Grubenfelder bezeichnet er mit römischen Zahlen und beschreibt sie mit den jeweils gebräuchlichen Flurnamen. Die einzelnen Gruben werden mit einer Ringleinsignatur (o) angegeben. In Wirklichkeit umfasst eine Ringsignatur zum Teil aber mehrere kleine und kleinste Gruben, die er einzeln auf einer Karte im Massstab 1:25 000 gar nicht hätte darstellen können. Der Begriff «Grubenfelder» wird somit von Baumberger in seiner Arbeit unterschiedlich angewendet.

Klarheit über den Sinn der einzelnen Signatur ist aus der Karte nicht zu gewinnen; eine Feldbegehung ist unerlässlich. Die Angaben sind, wie das meine kartographische Teilerfassung und der Vergleich mit der Karte von Hofmann zeigt, nur bedingt richtig, sowohl was die Lage als auch die Anzahl der Gruben und Grubenfelder betrifft.

Die neuesten und genausten Angaben über die Lage der Bohnerzgruben, der Schächte, der Stollen usw. hat Hofmann in seiner geologischen Karte 1:25 000, Blatt Neunkirch (1981) (*Abb. 3*) publiziert. Aus kartentechnischen Gründen musste aber auf eine allzu ausführliche Darstellung verzichtet werden. Ein Vergleich der Karte Hofmanns mit der Schalchschen Karte und mit meinen kartographischen Aufnahmen zeigt, dass Hofmann die Lage der Gruben und Grubenfelder äusserst exakt und umfassend festhält. Auch bei Hofmann wird die spezielle Signatur der Bohnerzgruben sowohl für die Bezeichnung einzelner Gruben als auch für Grubenfelder verwendet. Nur eine Feldbegehung oder die detaillierte Vermessung jeder einzelnen Grube vermag hier Klarheit zu verschaffen.

24

Abb. 1 Bohnerze aus dem Südranden

Abb. 2 Schulkarte des Kantons Schaffhausen (Ed. Imhof, 1961) 1 : 75 000 (Ausschnitt) ▲ = Erzgruben

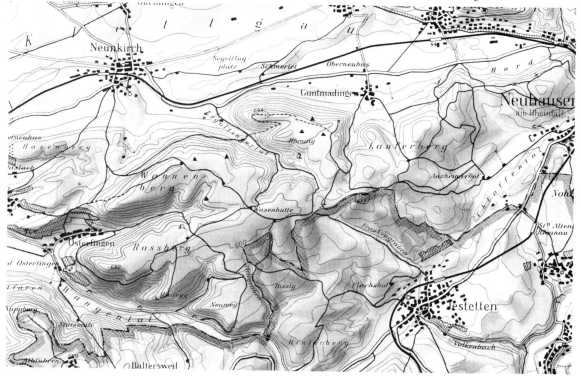

Abb. 3 Geologische Karte der Schweiz, 1 : 25 000,
Blatt Neunkirch (Ausschnitt),
nach Dr. F. Hofmann, 1981
Ausschnitt aus dem Geol. Atlas der Schweiz, Blatt 1031
Reproduziert mit Bewilligung der Schweizerischen
Geologischen Kommission und des Bundesamtes für
Landestopographie vom 14. 11. 84.

Boluston

Erzgruben

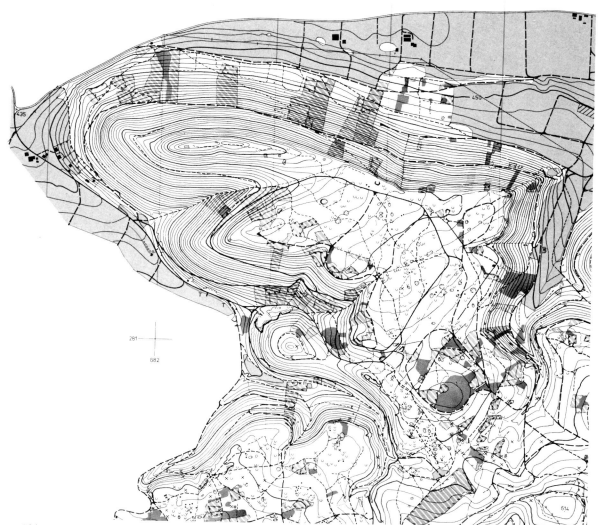

Abb. 4 OL-Karte «Lauferberg», 1 : 16 667 (Ausschnitt) ‿ = Bohnerzgruben

Grubenfelder

I. Hornzelg
II. Erzgräberwieseli
III. Auf Nack
IV. Im Schiller
V. Radegg
VI. Hasenmühli (Hasenmäulin)
VII. Brügglihau
VIII. Auf dem Neuweg
IX. Trisberg (Tristberg)
X. Auf dem Weidgang
XI. Stockerhau
XII. Krummsteigebene
XIII. Rennweghau
XIV. Kl. Wiesbuck
XV. Winterifohren
XVI. Winterihau
XVII. Agneserhau
XVIII. Hemming
XIX. Gekauftes Hölzli
XX. Kohlerbuck
XXI. } Säuställerhau
XXII. }
XXIII. Lauferberg
XXIV. Weidenhau
XXV. Spitalwald

Abb. 5/6   Bohnerzgebiet im Klettgau, Schaffhausen ▼
nach den Arbeiten von Schalch, Göhringer, Hug und eigenen Beobachtungen von Dr. E. Baumberger, Basel 1920

▲ Ausschnittvergrösserung

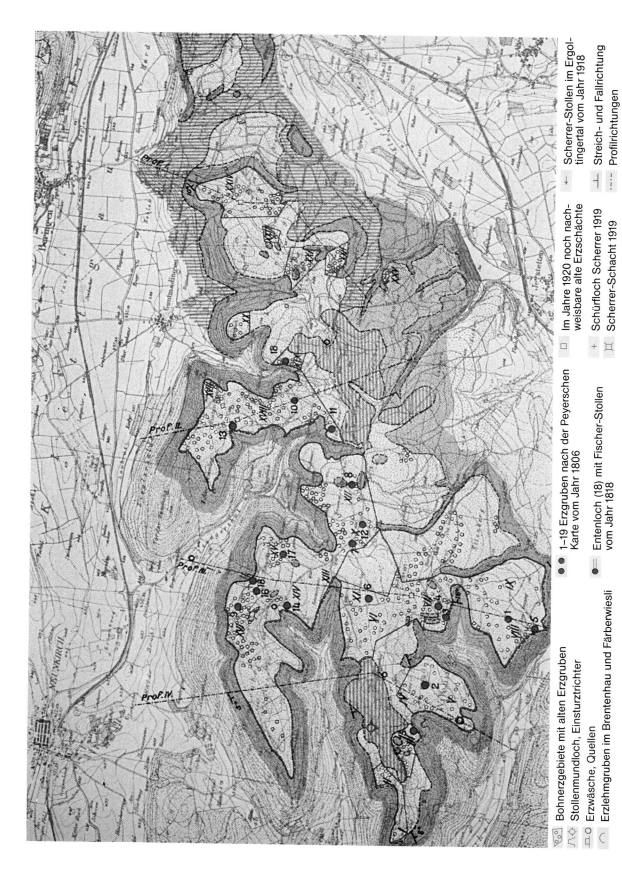

Bohnerzgebiete mit alten Erzgruben

Stollenmundloch, Einsturztrichter

Erzwäsche, Quellen

Erzlehmgruben im Brentenhau und Färberwiesli

1–19 Erzgruben nach der Peyerschen Karte vom Jahr 1806

Entenloch (18) mit Fischer-Stollen vom Jahr 1818

Im Jahre 1920 noch nachweisbare alte Erzschächte

Schürfloch Scherrer 1919

Scherrer-Schacht 1919

Scherrer-Stollen im Ergoltingertal vom Jahr 1918

Streich- und Fallrichtung

Profilrichtungen

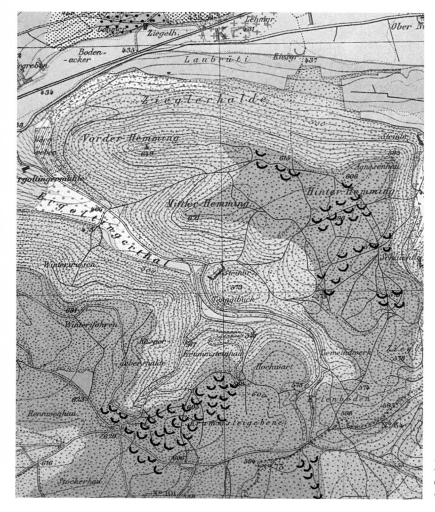

Abb. 7 Ausschnitt-
vergrösserung aus der
Geologischen Karte
von J. Hug, 1 : 25 000, 1907

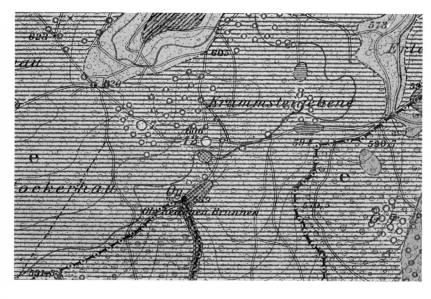

Abb. 8 Ausschnitt-
vergrösserung aus der
Geologischen Karte
von Dr. Ferdinand Schalch
1 : 25 000, 1921

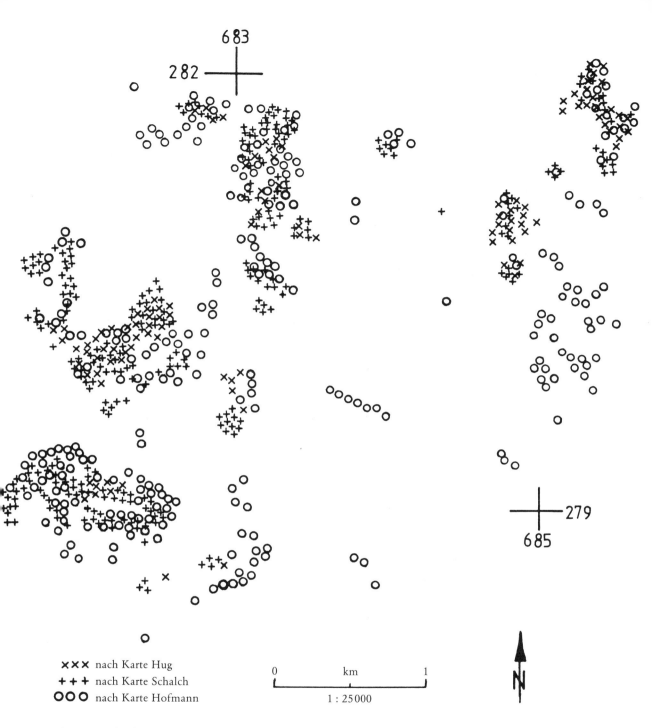

683

282

279

685

✕✕✕ nach Karte Hug
+ + + nach Karte Schalch
OOO nach Karte Hofmann

0   km   1

1 : 25000

N

Fig. 8   Vergleich eines Ausschnittes der geologischen Karten von Hug, Schalch und Hofmann betr.
Anzahl und Lage von Gruben und Grubenfeldern.

25

In *Fig. 8* werden die Karten von Hug, Schalch und Hofmann zusammen-fassend nochmals verglichen. Auf die Karte von Baumberger musste verzich-tet werden, da das Original nicht aufgefunden werden konnte und eine Um-zeichnung der Reproduktion aus seinem Buch zu ungenau ausfallen würde. Der Vergleich verdeutlicht die unterschiedliche kartographische Aufnahme und Dar-stellungsweise der verschiedenen Autoren, wobei diejenige von Hofmann als die beste bezeichnet werden darf.

Aufgrund der Ergebnisse meiner Feldbegehung und der Vergleiche muss angenommen werden, dass Schalch, Baumberger und Hug bei der geologischen Kartierung die Bohnerzgruben eher summarisch und bezüglich Lage nur «in etwa» festgehalten haben. Dies lässt den Schluss zu, dass die früheren Autoren keine so detaillierte Geländebegehung unternommen haben wie beispielsweise Hofmann.

Es drängt sich an dieser Stelle die Frage auf, ob die bei Schalch (und Baumber-ger) aufgeführten, bei Hofmann und von mir jedoch nicht mehr registrierten Gruben eingeebnet wurden oder ob bei den ersten beiden Autoren die geolo-gische Kartierung so ungenau vorgenommen wurde. Spuren über eine Wieder-auffüllung der vielen bei Schalch aufgeführten, im Feld jedoch nicht vorhan-denen Gruben konnten nicht gefunden werden. Hingegen deuten historische Dokumente darauf hin, dass zwecks Schonung und günstiger Bewirtschaftung des Waldes kleinere Gruben schon während des Bergbaus wiederaufgefüllt wurden.

Methode zur genauen kartographischen Erfassung der heutigen Gruben

Vermessungsmethode und Kartenentwurf

Aufgrund eingehender Abklärungen über mögliche Methoden und Bespre-chungen mit den Vermessungstechnikern Schäffeler (†) und Schell wird das Messtischverfahren als die beste und schnellste Methode zur genauen Erfassung der topographischen Lage der Gruben angesehen. Es hat den grossen Vorteil, dass die Gruben direkt auf einen Plan eingezeichnet werden können. Eine Aufnahme mit dem Theodolit wäre zu umständlich, da erst im Büro die Gruben anhand der festgehaltenen Messdaten auf den Plan übertragen und kartiert werden könnten. Eine Verwirrung angesichts der grossen Anzahl zum Teil kleinster Gruben und der damit verbundenen sehr grossen Zahl von Messwerten wäre wahrscheinlich.

Als Grundlage eignet sich am besten ein Plan im Massstab 1:1000. Auch Frei[16] hat seine Aufnahme in diesem Massstab gemacht. Selbst die kleinsten

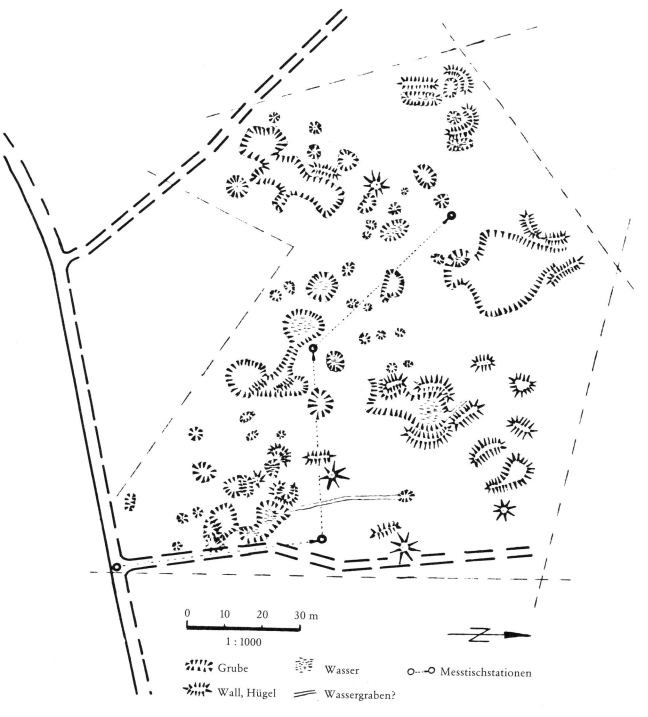

0   10   20   30 m

1 : 1000

𝆕𝆑𝆑𝆑𝆑 Grube   𝆕𝆑𝆑 Wasser   o---o Messtischstationen

𝆕𝆑𝆑𝆑 Wall, Hügel   ══ Wassergraben?

Fig. 9   Heutige Grubenlage, Versuchsmessung mit Messtischverfahren (6. 4. 1982).

Gruben können noch befriedigend festgehalten werden. Für eine Aufnahme aller ca. 900 Gruben, die sich auf eine ca. 7 km² grosse Fläche verteilen, ist dieser Massstab betreffend Plangrösse aber an der obersten Grenze.

Für eine spätere Gesamtaufnahme drängt sich nebst dem Messtischverfahren noch das Polygonzugverfahren auf. Zuerst müsste das Aufnahmegelände mittels Polygonzügen genau vermessen werden, um so von den erhaltenen Punkten aus die Messtischstationen einzumessen, von denen aus dann die Gruben im jeweiligen Umkreise aufgenommen werden könnten. Damit wäre eine sehr genaue Erfassung gewährleistet. Für das Waldgebiet liegen keine Pläne im Massstab 1:1000 vor. Sie müssen zuerst von den Grundbuchplänen 1:5000 vergrössert werden. Dies bringt zwangsläufig gewisse Verzerrungen bei der Herstellung der Helioabzüge von der Originalfolie mit sich, so dass immer Ungenauigkeiten vorhanden sein werden. Das Messtischverfahren setzt zudem einen relativ lichten Waldbestand voraus, denn für die Aufnahmen ist Sichtverbindung zwischen aufzunehmender Grube und dem Messtisch Voraussetzung. Dies ist im Untersuchungsgebiet bei weitem nicht überall gegeben.

Um die Methode praktisch zu erproben, wurde am 6. April 1982 im Raum Wasenhütte–Wasenhau eine Versuchsaufnahme gemacht (Ausgangskoordinaten: 682 375/280 180/605–610) (*Fig. 9*). Es wurden alle Gruben und grösseren Hügel ausgemessen. Allein diese Aufnahme dauerte ganze sechs Stunden.

Die Gruben wurden einzeln von Messtischstationen aufgenommen. Runde bis ovale Gruben von weniger als vier Meter Durchmesser wurden nur in einem Punkt, dem Grubenmittelpunkt, vermessen, die weiteren Masse in Nord-Süd- und Ost-West-Richtung mit der Messlatte festgestellt. Leichte tellerartige Vertiefungen im Gelände unter 1,5 m Durchmesser (und Tiefen unter 0,5 m) wurden nicht berücksichtigt. Bei allen grösseren Gruben, die in der Regel keine runde Form aufweisen, mussten Punkte am Grubenrand zur Umrissbestimmung vermessen werden. Die Anzahl der Punkte hing dabei von der Grösse und der Form der jeweiligen Grube ab. Die Einmessung erfolgte an allen umrissbestimmenden, wichtigen Stellen. Die Verbindungslinien zwischen den einzelnen auf dem Plan eingezeichneten Messpunkten wurden der Grubenform von Hand bestmöglichst angepasst. Gruben, Hügel und Wälle wurden mit einer einfachen Signatur dargestellt. Zusätzlich sind wasserführende Gruben mit einer speziellen Signatur gekennzeichnet worden.

Unter der Grubentiefe versteht der Verfasser die Höhendifferenz zwischen Grubenrand und tiefstem Punkt der Grube. Ich habe in einigen Gruben Tiefenmessungen vorgenommen. In dem von mir untersuchten Gebiet schwankt die Grubentiefe zwischen 0,5 m und 2 m.

Nur grosse, markante, über 1,5 m hohe und meist einzelstehende Hügel und Wälle wurden genau aufgenommen, Punkte auf deren Kammlinie wurden eingemessen und mit der Messlatte die Breite der Böschung nach allen Seiten bestimmt und auf dem Plan eingezeichnet. Die kleinen Wälle, die sich meist direkt neben den Gruben befinden und entlang dem Grubenrand verlaufen, wurden in ihrer Länge und Breite mit der Messlatte vermessen und lagegetreu auf dem Plan festgehalten.

An dieser Stelle muss nun die Frage nach dem zeitlichen Aufwand und den Kosten einer Gesamtaufnahme gestellt werden. Es ist zudem zu überlegen, wie sinnvoll eine derart detaillierte Aufnahme für alle 900 Gruben wäre.

Versuch einer zeitlichen Zuordnung der Bohnerzgruben zu den verschiedenen Abbauperioden

Bei der Betrachtung der geologischen Karte und bei der Feldbegehung stellte sich die Frage, wann die ca. 900 Gruben angelegt worden sind und ob einzelne Gruben respektive Grubenfelder einer bestimmten Abbauperiode zugeordnet werden können.

Resultate der Quellen- und Kartenauswertung

Älteste schriftliche Hinweise auf Erzfunde im Untersuchungsgebiet finden sich in den reichhaltigen Akten des Generallandesarchives Karlsruhe. Erstmals werden Funde im Jahre 1586 im Neuhauserwald und auf dem Ettenberg bei Jestetten genannt. Es muss aber angenommen werden, dass schon im Mittelalter Erze in dieser Region abgebaut wurden.

Die systematische Auswertung der Veröffentlichung von Lang[17] erlaubt eine Zuordnung einzelner Gruben und Grubenfelder zu Abbauphasen in verschiedenen Jahrhunderten (*Fig. 10*). Bei der Interpretation des Quellenmaterials mussten aus Genauigkeitsgründen die Grubenfelder auf der Karte zusammengefasst und unter einer summarischen Bezeichnung angegeben werden.

Viele der Gruben und Grubenfelder konnten mangels Quellenangaben zeitlich nicht eingeordnet werden. Es zeigt sich aber, dass in einzelnen Grubenfeldern in mehr als zwei oder gar drei Jahrhunderten Bohnerz gegraben wurde. Die Frage nach dem genauen Entstehungszeitpunkt aller ca. 900 Gruben bleibt somit unbefriedigend beantwortet.

Erst im 19. Jahrhundert wurde unter der Leitung von Bergwerksadministrator J. C. Fischer ein «gezielter» Bergbau betrieben. Aus der reichhaltigen Quellenangabe dieser Zeit lässt sich schliessen, dass in dieser letzten Periode nur in einzelnen Gruben abgebaut wurde. Es ist jedoch anzunehmen, dass auch in dieser

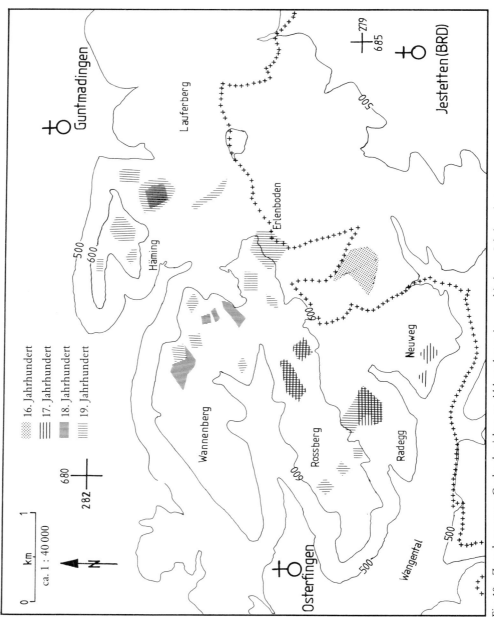

Fig. 10 Zuordnung von Grubenbezirken zu Abbauphasen in verschiedenen Jahrhunderten.

30

Abbauperiode etliche Grubenfelder neu angelegt wurden (z. B. Agnesenhau süd-westlich von Guntmadingen auf dem hinteren Häming).

Im Jahre 1806 wurde im Auftrag der Regierung von Schaffhausen durch Peyer und Imthurn eine Karte des Klettgauer Erzgebietes aufgenommen und die damals in Betrieb stehenden Gruben eingezeichnet. Erstmals wurden so einzelne Gruben kartographisch während der Abbauzeit festgehalten (*Fig. 5/6*).

Die Übertragung von Grubenlagen auf die heutige Landeskarte 1 : 25 000 lässt sich nur beschränkt durchführen. Eine Korrelation der auf der Peyer-Karte ein-gezeichneten Holzfuhrwege und Strassen mit dem heutigen Wegnetz ergibt keine befriedigende Lösung. Selbst ein Vergleich mit älteren Karten (z. B. Sieg-friedblatt) zeigt nur eine ungenaue Übereinstimmung. Eine exakte Lokalisierung aller von Fischer betriebenen Gruben ist darum nicht möglich. Nur vereinzelte Gruben aus der dritten Abbauperiode können im Gelände (aufgrund der Quel-len- und Kartenstudien) eindeutig ausgemacht werden, beispielsweise die Gru-ben im Agnesenhau (Koordinaten 683 500/281 350/587) oder die Grube mit dem «Fischerstollen» im Entenloch. Die Überprüfung ergab, dass die Grube mit der Stollenanlage im Winterihau auf dem Wannenberg (Koordinaten 681 600/280 900/630 gelegen haben muss, und nicht an der in älteren Schriften angeführten Stelle.

Die Schürfung Scherrer 1918/1919

Im Dezember 1917 reichte Brunneningenieur Adolf Scherrer (Inhaber eines Berg- und Wasserbaubüros) dem Regierungsrat ein Konzessionsgesuch für die Ausbeutung der Klettgauer Bohnerze ein. Scherrer ging bei seinem Projekt von einer völlig falschen Voraussetzung über die Entstehung und Lagerung von Bohnerzen aus. Um alle bis dahin gesammelten Erfahrungen geologischer Art schien er sich nicht zu kümmern, vor allem nicht um die Tatsache, dass das Bohn-erz nicht in durchgehenden Schichten, sondern in «Taschen» vorkommt. In seinem Gesuch vom 20. 12. 1917 schreibt er:

> «Man sucht das Bohnerz als Nester auf dem weissen Jura, während unsere Bohnerze im weissen Jura und über dem braunen Jura liegen.»

Er begründet seine Ansicht wie folgt:

> «Sofern wir auf dem hinteren Hemming bei Guntmadingen von dem Grenz-stein zwischen Guntmadinger, Löhninger und Neunkirchergemarkung … nach der Fundstelle «gekauftes Hölzli», Lauferberg … eine Linie ziehen, so fällt diese aus Nordwest nach Südost laufende Linie bei einem Kilometer Länge 58 Meter gleich 2° ein.

1916 habe ich in einem alten Bohrloch auf Salz in Eglisau bei einer Spülung dieses Bohrloches die Bohnerzton*oberfläche* in 135 Meter Teufe ... ganz genau festgestellt. Zieht man von diesem Bohrloch in nordwestlicher Richtung eine Linie über Hüntwangen, Weisswyl (badisch), Trasadingen (Schweiz), westlich am Nappberg vorbei ..., so ergibt sich auf 9 km Länge ein Gefälle nach Südost von 645–210 = 435 Meter oder 49 Meter Gefälle per Kilometer. Daraus folgt, dass das Erzloch im gekauften Hölzli 10 Meter in die Bohnerzton-schicht hinabgetrieben wurde....

Wir haben demnach im Kanton Schaffhausen ein Erzfeld von 20 km Länge und einer Breite bis zum Rhein, unter dem das Erzvorkommen in die Kantone Zürich und Thurgau etwa 20 km tief hineinreicht.»

Er schätzte das gesamte Abbaugebiet auf 220 km^2 und erhoffte sich ein Erzquantum von 5,5 Millionen Tonnen = 1,76 Mio. Tonnen Eisen. Für seine Berechnungen stützte er sich auf die Ergebnisse des Erzbaus im Delsberger Becken und die Verhüttung in Choindez.

Seinem Gesuch lag Kartenmaterial bei, auf dem er das Erzgebiet abzugrenzen versucht hatte. Die *Abb. 9* zeigt die utopische Situation nach Scherrers Vorstellungen.

In einem Schreiben an den Regierungsrat vom 9. 1. 1918 unterbreitete Scherrer den Vorschlag, ebenfalls eine Konzession vom Grossherzogtum Baden einzuholen und stellte gleichzeitig die Bitte, «die Konzessionsfrage solange vertraulich behandeln zu wollen, bis ich die Badische Konzession habe, damit uns die Spekulanten nicht zuvorkommen können». Er glaubte, dass die Rentabilität eines Erzbaus im Kanton Schaffhausen für eine Zeitdauer von mehreren hundert Jahren nachgewiesen sei.

Er wollte die nach seiner Meinung riesigen Vorkommen durch Stollenbau erschliessen, um den Wald nicht zu schädigen. So plante er zwei Versuchsstollen, einen an der Winteririsen (*Abb. 10*), der später den Hauptstollen hätte bilden sollen, und einen an der Südseite des Hämings. Ein dritter sollte bei der Osterfinger Stutzmühle angelegt werden.

Er hoffte, etwa in einem Monat nach Erteilung der Konzession im ersten Stollen an der Winteririsen fündig zu werden. Der Regierungsrat erteilte ihm am 6. März 1918 jedoch nur eine Bewilligung (Vorkonzession) zur Aufnahme von Vorarbeiten. Mit diesen wurde sogleich begonnen. In der Hoffnung, in der Tiefe die reichhaltigen Bohnerzvorkommen zu erschliessen, wurde bei Koordinate 681 600/281 360/510 ein Stollen in die wohlgeschichteten Kalke des Malms vorgetrieben. Die Lage des Stolleneingangs ist noch gut zu erkennen (*Abb. 11*).

Im Winterihau wurde gleichzeitig ein Schacht auf mehr als 10 m Tiefe ausgehoben. Er hätte später den Stollen erreichen sollen. Das Aufbereitungswasser für

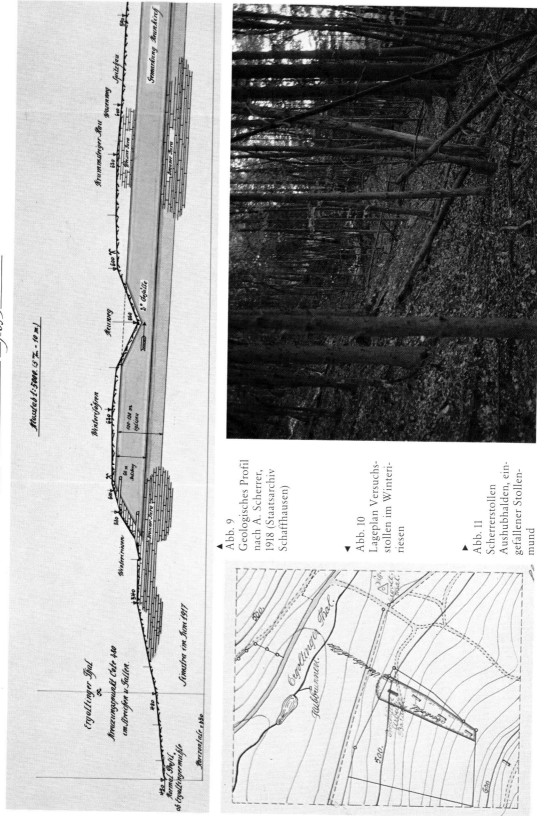

Studienblatt Erzkonzession Schaffhausen.

Maßstab 1:5000. (3 ℔. = 10 m.)

Abb. 9
Geologisches Profil
nach A. Scherrer,
1918 (Staatsarchiv
Schaffhausen)

Abb. 10
Lageplan Versuchs-
stollen im Winteri-
riesen

Abb. 11
Scherrerstollen
Aushubhalden, ein-
gefallener Stollen-
mund

das Erzwaschen gedachte Scherrer aus dem von seinem Vater gefassten «Kalten Brunnen» im Ergoltingertal zu beziehen.

Infolge schlechter Witterung und des damit verbundenen Wasseranfalls wurde der Fortgang der Arbeiten verzögert. Der Schacht, der in der Zwischenzeit 12 m tief war, wurde mit Wasser angefüllt, und seine Seitenwände drohten einzustürzen. Das Ausschöpfen erfolgte nur mit Kübeln. Die Beschaffung von Pumpen war geplant. Wegen Einsturzgefahr wurde aus Sicherheitsgründen der Schacht im oberen Teil ausgezimmert, dann das Wasser durch Abtragen des nördlichen Schachtrandes abgeleitet, womit das Wasserproblem gelöst war.

Scherrer bemühte sich weiter um eine definitive Konzession. Zuvor aber unternahm der Regierungsrat im Oktober 1918 eine Besichtigung der Anlage. Auf eine Erteilung einer Konzession wurde vorerst verzichtet, da die erhofften Funde (aus begreiflichen Gründen) ausgeblieben waren. Zudem äusserte sich ein Dr. Wegelin, ein erfahrener Hochofenspezialist aus Choindez, in einem privaten Schreiben an den Regierungsratspräsidenten negativ:

«Eine Konzessionserteilung auf unbeschränkte Dauer wird für die Bohnerzvorkommen im Kanton Schaffhausen weder aussichtsreich noch rentabel sein, sondern höchstens unangenehm werden können. Mir scheint, dass Herr Scherrer mit seinem Stoss Akten seinen persönlichen fachmännischen Drang verfolgen will, ohne sich über die weiteren Folgen klar zu sein.»

«Ist der Konzessionär ausser Stande, während ... 4–5 Jahren ... an höchstens zwei gleichzeitig arbeitenden Abbaustellen ein tägliches Quantum von mindestens je 20 t gewaschenen Erzes mit minimal 40% Eisengehalt zur nächstliegenden Eisenbahnstation zu fördern, so fällt die Konzession dahin.»

Aufgrund dieser Prognose und mangels genügender Erzfunde wurde Scherrer die Konzession in der Folge nicht erteilt. Es blieb bei der Anlage dieses einen «Scherrerstollens». Das aus geologischen Gründen von vornherein aussichtslose Projekt war damit gescheitert.

Abbau, Aufbereitung und Transport des Bohnerzes

Das Auffinden der Erzvorkommen und das Abgrenzen der Abbauorte

Die einfachste Methode zur Auffindung von Bohnerzvorkommen war das Aufspüren der durch den Regen ausgeschwemmten, an der Bodenoberfläche liegenden Erzbohnen. Der gelbbraune bis rote Boluston gab zudem Hinweise auf mögliche Erzvorkommen. Inwieweit das Vegetationsbild Erzvorkommen anzeigte, ist fraglich, doch ist diese Art des Suchens nicht auszuschliessen.

Die Erzgräber des 18. und 19. Jahrhunderts orientierten sich an den vorhandenen, stillgelegten alten Gruben. In einem Bericht aus dem Jahre 1803 wird darauf hingewiesen, dass dem Erzgräber erlaubt sein müsse, Erz zu suchen, wo er es vorhanden glaubte, und herauszugraben, wo er es finde. Diese Freiheit sei nicht nachteilig, sondern eher vorteilhaft, denn die alten Erzgruben (ca. 700) seien es, welche ihm zum Leitfaden dienten; dort schlage er seine Schürfe ein, weil er mit Recht auf vorhandene Erznester schliessen könne, und er baue dann entweder in den alten Gruben selbst ab oder benutze sie als Wasserbehälter. Im 19. Jahrhundert, vermutlich aber schon vorher, wurde mit dem sogenannten Erzbohrer, einem Handbohrer, nach abbauwürdigen Vorkommen sondiert. Bevor an einer Stelle mit den Grabarbeiten begonnen wurde, untersuchte man mit diesem Gerät sowohl Mächtigkeit als auch Erzführung der Bolustondecke.

Vor dem eigentlichen Graben wurde, und dies ist für das 17. Jahrhundert belegt, der ausgesuchte Distrikt mit Pflöcken gekennzeichnet. Die Knappen hatten sich durch Eid zu verpflichten, in diesem Distrikt zu bleiben und sich «allen voreiligen Gesüechs» (Suchens) zu enthalten und die angefangenen Gruben «vollständig» auszubeuten. Neue Gruben durften nur mit Erlaubnis der Deputierten aus Schaffhausen und des Fürsten eröffnet werden. Damit wollte man wohl einem Raubbau vorbeugen.

Im 19. Jahrhundert wurde noch in ähnlicher Weise verfahren. Jede Gräbergruppe hatte für den Anfang freie Wahl, sich einen Platz für ihren Grubenbau auszusuchen. Hatten sie sich für einen Ort entschieden, wurde dieser durch einen Fundpfahl bezeichnet. Dieser kam in die Mitte eines rechteckigen Feldes von 400 m Länge und 200 m Breite zu stehen. Diese Fläche stand den Erzgräbern nun zur freien Verfügung und wurde durch vier weitere Pfähle gekennzeichnet, an welchen Nummern und Zeichen der Bergwerksadministration angebracht wurden.

Erst nach «völliger Ausbeutung» eines Feldes wurde den Arbeitern ein anderes zugewiesen. Als Kontrollorgan besichtigte ein Grubenvogt die Felder wöchentlich. Diese Art des Suchens bestätigt die Vermutung, dass der Abbau nicht nur in einzelnen Löchern, sondern in ganzen Grubenfeldern betrieben wurde. Doch schienen sich die Erzgräber nicht immer daran gehalten zu haben.

Das Erzgraben musste zeitweise als eigentlicher Raubbau betrieben worden sein. Daraufhin deuten auch etliche Streitigkeiten zwischen Erzgräbern und den Gemeinden wegen Waldschädigungen. Statt die Gruben seriös zu betreiben und eine angefangene Grube ganz auszubeuten, nutzten die Knappen diese häufig nur oberflächlich. Wenn eine Grube nur schwach erzhaltig oder dann schon so tief war, dass das Herausholen des Erzes beschwerlich wurde, eröffnete man eine neue und überliess die alte Grube, ohne sie auszuebnen, sich selbst. Sie diente eventuell noch als Wasserbehälter oder als Schlammfänger für die Erzwäscher. Auf diese Art des Abbaus und der späteren Nutzung deuten die vielen kleinen, wenig tiefen Trichtergruben hin.

Das Grubengeschirr

Bevor die eigentliche Abbautechnik besprochen werden kann, sollen die gebräuchlichen Geräte kurz beschrieben werden.

Die Suche nach altem Grubengeschirr aus der Abbauzeit war leider wenig erfolgreich. Es konnten lediglich 4 Gegenstände gefunden werden, teils in Privatbesitz, teils in Museen (2 Pickel, 1 Grubenlampe, 1 Waschsieb). Wo das sicher zahlreich vorhandene Geschirr hingekommen ist, lässt sich nicht feststellen. Teilweise wurde es wohl Eigentum der Erzgräber. Von der letzten Abbauperiode wissen wir durch Zeitungsinserat, dass J. C. Fischer seine Gerätschaften öffentlich versteigert hat (*Fig. 11*).

Durch den Vertrag zwischen den Osterfinger Erzgräbern und der helvetischen Bergwerksadministration vom 26. Juli 1801 und durch ein Grubengeschirrinventar von 1847 erhält man einen umfangreichen Katalog benutzter Gegenstände. So verfügte jede Gräbergruppe (3–4 Mann) über: 2 Standen, 2 Waschsiebe, 2 Laufhauen, 2 Zuhauen, 2 «Rüthauen», 3 Pickel, 3 Schaufeln, 15 Bretter zur Wäsche und zur Konstruktion von Überdachungen der Gruben und Schächte, 10 Känel, 2 Abhebekasten, 1 Tragbahre, 3 Wasserschöpfer, 2 Gelten, 1 Trichter, 1 Erzbohrer.

Diese Gegenstände wurden durch die Bergwerksadministration beschafft. Die Gräber durften sie nach drei Jahren als ihr Eigentum betrachten. Das Geschirr wurde, so weiss Lang zu berichten, in Jestetten durch Wagner, Küfer und Kupferschmiede hergestellt.

Das Heimatmuseum Neunkirch verfügt über 2 Pickel und eine Grubenlampe, die aus der Zeit des Bohnerzabbaus stammen (*Abb. 14*).

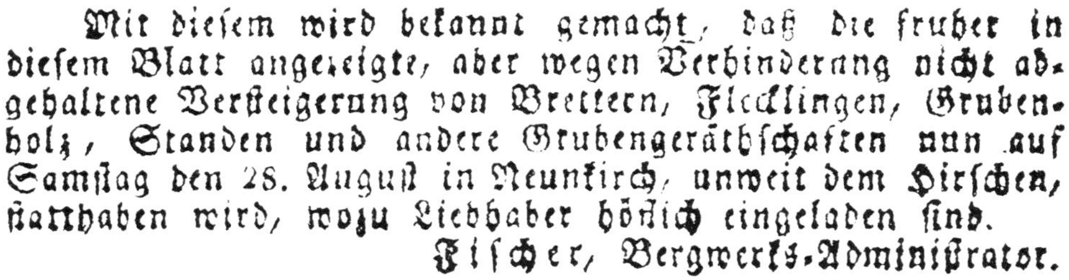

Mit diesem wird bekannt gemacht, daß die früher in diesem Blatt angezeigte, aber wegen Verhinderung nicht abgehaltene Versteigerung von Brettern, Flecklingen, Grubenholz, Standen und andere Grubengerätschaften nun auf Samstag den 28. August in Neunkirch, unweit dem Hirschen, statthaben wird, wozu Liebhaber höflich eingeladen sind.

Fischer, Bergwerks-Administrator.

Fig. 11 Zeitungsinserat von J. C. Fischer im «Schweizer Courier», 1852, über den Verkauf von altem Grubengeschirr nach der Schliessung der Bohnerzgruben.

Durch Zufall wurde ich auf ein Waschsieb aufmerksam gemacht. Es hat einen Durchmesser von 42 cm, eine Maschenweite von 1 mm und eine Drahtstärke von ca. 1mm (*Abb. 15*). Damit konnten selbst die kleinsten Erzbohnen herausgewaschen werden.

Der Verschleiss an Geschirr muss gross gewesen sein, und die Neuanschaffung kostete grosse Summen. 1838 übertrug die Finanzkommission der Bergwerksadminstration die Beschaffung des Geschirrs den Erzgräbern. Ein Jahr später forderten die Knappen deswegen eine Entschädigung, die ihnen auch gewährt wurde. 1847 umfasste das gesamte Grubengeschirr laut Inventar folgende Gegenstände:

13 Haspel	15 Zughauen	9 Erzbohrer
3 Ketten	24 Pochschlägel	1 Steinbohrer
36 Standen	21 Waschsiebe	2 Ventilatoren
20 Kübel	4 Schapfen (?)	1 eiserne Schnellwaage
11 Grubenseile	3 Steinschlegel	800 Pfund Tragkraft
20 Pochplatten	7 Hauen	1 eisernes Stirnrad mit Getriebe
30 Stosskarren	17 Pickel	2 eiserne Spitzzahnräder
13 Tragbahren	3 Waldsägen	zu einem Schachthaspel
		1 Erzkübel (als Muttermass)
		1 Erzkübel (zum Abmessen im Laufen)

Inventar des Grubengeschirrs laut Lang 1847

Die «Kübel» wurden zum Erztransport oder zur Mengenmessung von Bohnerz verwendet (*Abb. 16*).

Im Geschirrinventar von 1847 wurden neu sogenannte «Pochplatten und Pochschläger» aufgeführt. Es handelt sich bei diesen Geräten um eine Vorrichtung zur Zerkleinerung von (Bohn-)Erzkonglomeraten. Pochen wurden mechanisch oder von Hand betrieben. Bei den aufgeführten Gegenständen handelt es sich um eiserne Platten, die erst Ende der 1830er Jahre verwendet wurden. Die Pochplatten stammen aus dem Werk Laufen am Rheinfall. Auf dem Rossberg wurden die Bohnerzklumpen von Hand zerkleinert.

Die Abbautechnik

Im Untersuchungsgebiet wurde fast ausnahmslos Tagbau betrieben. Nur wenn sich die Bolustondecke als mächtig genug erwies, wurde ein ausgehobenes Erzloch zu einem senkrechten Schacht ausgebaut und bis auf die Kalkunterlage abgeteuft.

Schürftechnik und Schachtanlagen

Zuerst wurde mit der Beseitigung der Bäume, der Humusdecke und der obersten, meist bohnerzlosen Bolustonschichten begonnen. Danach versuchte man mit Pickel und Schaufel die Bohnerznester auszubeuten. So blieben trichterförmige Gruben zurück. Bei ergiebigen Funden wurde mit dem Bau eines Schachtes begonnen.

Die Schächte konnten Tiefen von 10 bis 20 m erreichen. Heutige Vertiefungen lassen teilweise ehemalige Schächte mit viereckigem Grundriss erkennen (*Abb. 12, Fig. 12*).

Angaben über die Ausmasse der Schächte sind unsicher. Messungen der heutigen Formen ergaben durchschnittlich eine Grösse von 5 x 5 m. Die meisten Schächte waren in der oberen Hälfte (vermutlich aber teilweise auch an der Sohle) mit Holz verzimmert. Baumberger hat bei einer Feldbegehung 1920 noch Verzimmerungen vorgefunden. Diese sind heute jedoch nicht mehr auffindbar. Die Arbeiten im Schacht waren nicht ungefährlich, da die Verzimmerungen offenbar schlecht waren. So wurde im Februar 1811 der 35jährige Kaspar Ritzmann durch das Einstürzen einer Seitenwand getötet. 1839 wurde ebenfalls ein Osterfinger durch einen Sturz in einen Schacht derart verletzt, dass eine Lähmung eintrat.

Fig. 12 Eine Schachtanlage, aus: Agricola, 1556 (siehe auch Abb. 12).

In fündiger Tiefe wurden die Schachtwände teilweise nach allen Seiten hin ausgeweitet und unterhöhlt. Den Erweiterungen waren aber wegen der geringen Stabilität des Bolustones enge Grenzen gesetzt. Diese Art der Ausbeutung wurde durch die jeweiligen Verhältnisse am Abbauort bestimmt. Das im Schacht gewonnene Bohnerz dürfte, zusammen mit dem tauben Material, in Kübeln über eine einfache Seilwinde (Rolle oder Haspel) nach oben befördert worden sein. Darauf deuten die im Inventar des Grubengeschirrs von 1847 aufgeführten 13 Haspeln, 11 Grubenseile und 20 Kübel hin.

Der Abbau konnte aber durch Wasserzutritt äusserst erschwert werden. Durch Tag- und Grundwasser wurde der Betrieb zum Teil derart behindert, dass ein Abbau kaum mehr möglich war und der Schacht schliesslich im Grubenwasser ertrank. Um solchen Zuständen vorzubeugen, scheinen die Schächte während des Abbaus mit einer Art Dach vor dem Regen geschützt worden zu sein. Es bestand auch die Möglichkeit, einen mit Grubenwasser gefüllten Schacht mit Wasserschöpfern zu leeren. Lagen unter Wasser stehende Schächte nahe am Rande der Plateaufläche, konnte vom Hang her ein Entwässerungsstollen bis zum Schacht vorgetrieben werden.

Stollenanlagen zur Entwässerung der Schächte

Bekannt ist der unter J. C. Fischer durchgeführte Stollenbau zur Entwässerung eines Schachtes in den «Winteriforen». Die Bergwerksadministration beauftragte ihn, zwei Stollen anzulegen. Damit erhoffte man sich die Entwässerung des Schachtes und auch der in der Nähe befindlichen Gruben.

Die Stollen mussten durch den harten Kalkstein vorgetrieben werden, was ohne Sprengung kaum möglich war. Fischer zog zur Anwendung dieser neuen Technik fremde Bergleute als Berater heran. Mit der Arbeit wurde 1813 begonnen. Sie endete im Spätjahr 1817 beim ersten Stollen, im Herbst 1818 beim anderen. Der Fischerstollen (*Abb. 13*), dessen Lage und Deponie noch gut zu erkennen sind, wurde nicht gerade auf den Schacht hin vorgetrieben, sondern vermutlich entlang der Klüfte im Kalk. Die Schilderung von Lang und heute noch im Gelände sichtbare Spuren deuten darauf hin, dass dies wegen des leichteren Abbaus geschah. Der Stollen erreichte eine Länge von 88 Fuss = ca. 26 m. In diesem Stollen dürften ebenfalls teilweise Verzimmerungen angebracht worden sein.

Die Schachtanlage, die 21 Fuss (6,3 m) tief war, wurde 18 Fuss (5,4 m) tief untergraben. Mittels eines eigens dafür vorbereiteten Bohrers wurde danach die Verbindung zwischen der Schachtsohle und dem Stollen hergestellt. Der Abfluss des Wassers aus dem Schacht und auch aus den umliegenden Gruben und Schürfen setzte sogleich ein, und innerhalb dreier Tage war das ganze Gebiet entwässert und für die Erzgräber wieder zugänglich. Der Schacht wurde nun auf den Stollen abgeteuft. Die Erzgräber stiessen dabei auf viel Erz bester Qualität, wie es noch nie gefunden worden ist.

Stollenanlagen zur Erzgewinnung

Bei der Anlage der Entwässerungsstollen kam Fischer auf die Idee, dieses Verfahren auch zur Erzgewinnung anzuwenden. Die beiden angeworbenen Erzknappen (*Abb. 31*) führten erste Versuche mit Sprengungen durch. Die Vorteile der neuen Abbaumethode blieben nicht aus. Selbst die einheimischen Erzgräber, die zu Beginn diese Methode ablehnten, liessen sich überzeugen. Ihre Arbeit wurde damit erleichtert und der Ertrag gesteigert. Zerfallene Stolleneingänge sind noch 800 m südöstlich des Rossberghofes zu sehen (Koordinaten 680 400/278 960/590).

Im Stollen selber wurden zum Abbau Pickel und Schaufel verwendet (*Abb. 14*). Die Stollen wurden anscheinend nur mit einer schwachen Verzimmerung versehen. Im Geschirrinventar von 1847 wurden unter anderem 2 «Ventilatoren» erwähnt. Was man sich darunter vorzustellen hat, ist schwierig zu erraten. Jedenfalls deuten sie darauf hin, dass gewisse Stollen oder Schächte belüftet wurden. Zur Beleuchtung der Stollen wurden die üblichen Grubenlampen benutzt. Die Anwendung von Bergeisen, Brechstangen und Fäusteln, wie sie aus dem alpinen Bergbau bekannt sind, war in diesen Lockersedimenten kaum erforderlich.

Das Herausholen des tauben Materials und der Erzknollen erfolgte ab einer gewissen Tiefe mit Kübeln aus Holz oder mit Körben. Ein sogenannter «Grubenhund», d. h. ein Schubkarren auf Schienen, wurde nicht verwendet. Dagegen wurde mit gewöhnlichen Schubkarren gearbeitet.

Die Erzaufbereitung

Das gegrabene Erz wurde vor dem Transport vom anklebenden Boluston gereinigt. Zwei Methoden erscheinen für die Reinigung geeignet:

Die Trockengewinnung:

Nach Hofmann ist dies die einfachste, wenn auch nicht die wirksamste Methode. Das aus den Gruben geförderte Erz wurde neben der Grube zum Trocknen ausgebreitet. Der Ton wurde dadurch so spröde, dass, nach vorherigem

Zerschlagen grösserer Klumpen, zur Trennung nur noch ein Aussieben nötig war. Der grosse Vorteil war, dass man dazu kein Wasser benötigte. Für diese Methode sprechen die im Grubengeschirrinventar aufgeführten Pochplatten.

Das Erzwaschen:

Diese Methode bedingt eine genügende Wassermenge. Das aus den Gruben geförderte Erz wurde durch Waschen vom anhaftenden Boluston befreit.

Alle Quellen deuten darauf hin, dass im Südranden vor allem die zweite Methode angewandt wurde. Für eine gründliche Reinigung des Erzes war aber viel Wasser nötig. Es scheint, dass das Erz in zwei Phasen gewaschen wurde, einmal bei der Grube und ein zweites Mal bei der Schmelze.

Im folgenden werden diese beiden Phasen erläutert.

Das Waschen am Grubenplatz

Nach einer groben Trennung des Bohnerzes vom tauben Material wurde es zu den Waschanlagen geschafft, die sich in der Nähe des Schachtes, des Stollens oder der Grube befanden. Hier boten sich nun zwei Möglichkeiten zum Waschen: Einmal wurde das Erz auf ein Sieb geschüttet und in einem Bottich oder in einer Stande im Wasser geschwenkt. Diese Arbeit wurde von Hand ausgeführt. Eventuell behalf man sich mit einer Vorrichtung, die das Tragen des Gewichtes

Fig. 13   Erzwaschen mit Waschsieb in Standen, aus: Agricola, 1556 (siehe auch Abb. 15).

Abb. 12
Viereckiger Schachtgrund-
riss unterhalb des Rossberg-
hofs

Abb. 14 Pickel (mit Gravur des Turms von Neunkirch) und Grubenlampe (18./19. Jh.)

Abb. 15 Waschsieb, ⌀ 42 cm (Heimatmuseum Neunkirch)

Abb. 16 Erztransportkübel, Anfang 19. Jh.

Abb. 17 und 18 «Osterfinger Ertz-Büchli», 1728/29
(Staatsarchiv Schaffhausen)

Bohnerzgrube im Raume Wasenhütte

durch den Wäscher erübrigte. Die im Vertrag von 1801 aufgeführten Standen, Waschsiebe (*Fig. 13, Abb. 15*) und Gelten deuten darauf hin.

Die zweite Möglichkeit des Erzwaschens erforderte grössere Anlagen und beanspruchte mehr Wasser. Die Bohnerzmassen wurden in einem mit Wasser gefüllten oder von Wasser durchflossenen Trog geworfen und durch ständiges Aufrühren und Klopfen vom Boluston getrennt. Das Wasser wurde durch Holzkännel abgeleitet. Die Bohnerzkörner sammelten sich am Trogboden. Schon im Erzkontrakt von 1678 wurde den Erzgräbern zugestanden, die nötigen Wassergruben und Leitungen zum Waschen des Erzes anzulegen.

Das zu den Kanälen oder zum Trogbau benötigte Holz wurde von Schaffhausen geliefert. Noch 1801 wurden zur Wiedereröffnung des Bergbaubetriebes 150 Kännel bestellt, die aus 8 bis 12 Zoll dicken Föhrenstämmen gemacht wurden. Im gleichen Jahr wurden jeder Erzgräbergruppe 10 Kännel zugesichert.

Speziell für diese Waschmethode stellte sich das Problem der Wasserbeschaffung. Da im Abbaugebiet kaum Quellen oder Brunnen vorhanden sind, musste das Wasser entweder herbeigeführt oder, was wahrscheinlicher ist, Regenwasser in den alten Gruben gesammelt werden. Jedoch dürfte letzteres zum Waschen nicht ausgereicht haben. Deshalb ist es möglich, dass auch Wasser mit Holzleitungen von einem Brunnen hergeleitet wurde. Diese Annahme wird durch einen Hinweis aus dem Jahre 1678 gestützt. Die Gemeinde Wilchingen musste die Erlaubnis erteilen, dass Leitungen für das benötigte Wasser vom «Hofbrunnen» (Rossberghof) aus zu den Gruben gebaut werden durften.

Das von Schlamm (= aufgelöster Boluston) angereicherte Wasser wurde durch Kännel entweder in alte Gruben abgeleitet, wo sich der Schlamm absetzen und das Wasser dann wieder verwendet werden konnte, oder es wurde einfach in den Wald abgelassen. Dadurch entstand grosser Schaden an der Vegetation. Zu Beginn des 18. Jahrhunderts beklagte sich Rheinau, dass der Meier des Aazheimerhofes wegen der vielen Löcher (Bohnerzgruben) den Weidgang nicht mehr betreiben könne. Darüber hinaus würde das Waschwasser aus den Gruben durch seine Wiesen hinuntergeleitet, was diese «vergifte» und das Vieh das Gras deswegen nicht mehr fressen könne. Zusätzlich wurde der Waldboden so stark verkittet, dass viele Bäume abstarben und an diesen Stellen auf Jahre hinaus keine Pflanzen mehr wachsen konnten. Für solche Schäden konnten die Gemeinden Entschädigungen verlangen.

Das Waschen bei der Verhüttungsstelle

Nachdem das Bohnerz nach der ersten Wäsche durch die Fuhrleute an die Verhüttungsstellen geführt worden war, wurde es, laut Quellenberichten, vor dem Schmelzen nochmals gewaschen. Die geschah mechanisch, in Laufen am

Rheinfall mittels einer sogenannten «Radwäscherei» (*Fig. 14*). Das Bohnerz wurde in einen mit Wasser gefüllten Trog geworfen, wo es durch ständiges Aufrühren und Schlagen mit einem durch ein Wasserrad getriebenes Rührwerk vom noch anhaftenden Ton befreit wurde. Dieser wurde durch das abfliessende Wasser aus dem Trog entfernt. Führte das Wasser keinen Ton mehr, wurden die gereinigten Erze durch eine Seitenöffnung dem Trog entnommen. Vor der weiteren Verarbeitung wurde das gereinigte Erz mit dem Kübelmass gemessen.

Eine Folge des Erzwaschens war auch eine Trübung des Rheines. 1704 wurde der Pächter des Laufens bei Androhung einer Strafe gemahnt, das Erzwaschen wegen der Wasserverschmutzung zu unterlassen. Die eingeleitete Untersuchung ergab, dass durch die «Radwösch» der Lachsfang keineswegs beeinträchtigt wurde. Die Beschwerde wurde zurückgewiesen. Ab 1715 wurde dann die Radwäscherei für die Zeit des Lachsfangs eingestellt.

Der Abtransport des Bohnerzes und der Erzkasten in Rheinau

Man transportierte das Bohnerz von den Grubenfeldern zu den Schmelzen Eberfingen, Laufen oder, falls das Erz nach Albbruck verkauft wurde, nach Rheinau zum Erzsammelplatz. Von dort wurde es von Laufenburger Schiffern mit Weidlingen nach Albbruck gebracht. Im Mai 1802 kaufte ein gewisser Michael Altenburger, Wirt in Altenburg, am rechten Rheinufer oberhalb der abgetragenen Rheinauer Brücke ein Stück Land. Auf diesem Grundstück wurde ein sogenannter Erzkasten errichtet. Es war ein Lagerplatz, der so eingeteilt war, dass das Erz aus jeder damals von Fischer betriebenen Grube in einem separaten Abteil untergebracht werden konnte. Wenn die Messung der Menge aus der jeweiligen Grube vorgenommen worden war, konnte das Erz in einen grösseren Sammelraum geschüttet werden. Es muss sich um eine bedeutende Anlage gehandelt haben, denn zu ihrem Bau waren 280 Fuder Kalksteine aus dem Jestetter Steinbruch nötig.

Bereits 1804 musste die Anlage vergrössert werden. Dazu wurden 11 neue Scheidewände errichtet, damit Erz angehäuft werden konnte und jede Verwirrung betreffend Herkunftsgrube vermieden wurde.

Die «Erzgräberkompanie» und die Anzahl der betriebenen Gruben

Normalerweise wurde in sogenannten «Kompanien» (= Gruppen), die 3 oder 4 Mann umfassten, gegraben. Nach Aussage eines alten Erzgräbers bestanden die Kompanien aus 4 Mann: einem, der regelmässig grub, einem, der den Wellbock bediente, einem, der das Erz siebte und reinigte, und einem, der für das Wasser sorgte und weitere Arbeiten verrichtete. Ein Vergleich mit der später aufgeführten Anzahl tätigen Bergknappen lässt den Schluss zu, dass in allen drei Abbauperioden durchschnittlich 10 bis 15 Kompanien tätig waren. Somit war gleichzeitig stets etwa dieselbe Anzahl Gruben in Betrieb, was durch verschiedene Hinweise in Langs Arbeit bestätigt wird.

Die Kompanien wurden durch einen «Hutmann» oder Grubenvogt kontrolliert. Dieser hatte seinen Vorgesetzten, der Bergwerksadministration, einen Eid zu leisten, dass er seiner Arbeit ehrlich und pflichtgetreu nachgehen, die Erzknappen beaufsichtigen, die Gruben völlig ausbeuten und die von den Gruben weggeführten Kübel Erz wahrheitsgetreu verbuchen würde. Das Osterfinger Erzbüchlein und ein weiteres Büchlein geben Anlass zur Vermutung, dass jede Grube oder jedes Grubenfeld unter der Leitung eines «Vorarbeiters», eines sogenannten «Unternehmers», stand. So führt das Büchlein Gruben von Hans Deuber, Martin Bächtold, Jakob Klingenfuss usw. auf, in denen jeweils 4 Mann arbeiteten.

Die Tagesleistung eines Erzknappen

Das Kübelmass

Das gewonnene Bohnerz wurde nach dem Waschen bei der Grube und/oder beim Verladen auf die Wagen und/oder beim Entladen beim Schmelzofen mit sogenannten «Kübeln» abgemessen (*Abb. 16*). Es wurden zwei verschieden grosse Kübel verwendet. Von 1680 bis 1771 wurde normalerweise der «Schwarzenberger

Kübel» als Mass gebraucht. Er fasste etwa 27 Liter oder einen Kubikfuss Erz. Das Gewicht eines solchen Kübels Bohnerz schwankte zwischen 44 und 79 kg, je nach Qualität des Erzes. Von 1802 bis 1850 wurde der «Schweizerkübel» verwendet. Dieser fasste 108 Liter oder 4 Kubikfuss, war also viermal so gross wie der Schwarzenbergische.

Die Tagesleistung eines Erzknappen

Den einzigen Hinweis auf die Tagesleistung eines Erzgräbers verdanken wir dem Hutmann Hans Deuber aus Osterfingen, der in seinem Erzbüchlein ein genaues Verzeichnis führte (*Abb. 17/18*). Die durchschnittlich geförderte Menge Bohnerz pro Tag und Erzgräber schwankte zwischen 20 bis 27 Kübeln. Die Tagesleistungen waren natürlich abhängig von der Reichhaltigkeit der Gruben an Bohnerz. Dass nicht alle Gruben gleich ergiebig waren, verdeutlichen die Gesamtzahlen der in diesem Büchlein aufgeführten vier Gruben:

So lieferten nach Deuber 8 bis 10 Knappen (wobei nicht immer alle gleichzeitig tätig waren):

aus der 1. Grube innert 41 Tagen 2001 Kübel Bohnerz = ca. 49 Kübel/Tag
aus der 2. Grube innert 12 Tagen   609 Kübel Bohnerz = ca. 50 Kübel/Tag
aus der 3. Grube innert 60 Tagen 2916 Kübel Bohnerz = ca. 49 Kübel/Tag
aus der 4. Grube innert 35 Tagen 1454 Kübel Bohnerz = ca. 42 Kübel/Tag

Weiter geht aus diesem Büchlein hervor, dass in vier Gruben gearbeitet wurde, jedoch nicht immer gleichzeitig. So arbeiteten beispielsweise 8 bis 10 Knappen (also 2 Kompanien) in der 1. Grube vom 2. August 1728 bis zum 27. August 1728, vom 28. August an aber in einer anderen. Die Arbeit in der 1. Grube wurde später wiederaufgenommen. Weiter zeigt das Büchlein, dass offenbar nicht täglich abgebaut wurde, sondern nur dann, wenn für die Bauern keine dringenden Arbeiten zu verrichten waren. Zudem waren anscheinend nie alle acht Gräber gleichzeitig tätig, denn wie das Büchlein zeigt, sind an gewissen Tagen nur 2, 3 oder 4 Knappen namentlich aufgeführt (*Abb. 18*).

Die Betriebsdauer einer Grube

Wie lange eine Grube in Betrieb stand, hing von folgenden Faktoren ab:

– Geologie: Einerseits war die Beschaffenheit des Untergrundes (Karsttaschen im Malm) und die Mächtigkeit der Bolustondecke ausschlaggebend. Die Reichhaltigkeit an Erzbohnen bestimmte die Abbauzeit.

44

- Verfügbarkeit der Knappen: Anderseits bestimmte die Anzahl der verfügbaren Knappen die Abbauzeit. Da viele Erzgräber Bauern waren, hing der Abbau auch von der Erntezeit und dem Wetter ab. So waren gewisse Gruben zeitweise mit wenig Personen in Betrieb.
- Anzahl Kompanien: Ob 3 oder 4 Mann in einer «Kompanie» pro Grube oder sogar mehrere Kompanien in der gleichen Grube abbauten, bestimmte ebenfalls die Betriebsdauer. Je mehr Leute in einer Grube arbeiteten, desto weniger lang konnte sie genutzt werden.
- Arbeitseinstellung (Gründlichkeit): Waren die Erzgräber nicht sofort fündig oder zeigten sich nur geringe Erträge, so wurden die Gruben bald aufgegeben und andere geöffnet.

Damit konnte die Betriebsdauer einer Grube von wenigen Tagen bis zu Monaten und Jahren dauern.

Geförderte Bohnerzmengen

Über die im Kanton Schaffhausen abgebauten Bohnerzmengen gibt Lang in seiner Arbeit Auskunft. Leider hat er bei der Aufstellung seiner Tabellen die Quellen seiner Zahlen nicht angegeben. Deshalb musste auch hier eine Kontrolle seiner Angaben mittels der im Staatsarchiv vorhandenen Akten und Rechnungsbücher durchgeführt werden. Der Vergleich bestätigte die Richtigkeit seiner Angaben.

In der Tabelle wird die geförderte Menge Erz in «Kübeln» à 27 Litern angegeben (*Fig. 15*). Alle Angaben beziehen sich auf gewaschenes Bohnerz. Man beachte die zum Teil enormen jährlichen Unterschiede! Die abgebaute Menge richtete sich nach der jeweiligen Nachfrage der Abnehmerorte, nach der Anzahl im Bergbau tätigen Erzknappen und auch nach der Ergiebigkeit der einzelnen Gruben.

Der Hochofen von Eberfingen war seit der Eröffnung Abnehmer des Klettgauer Bohnerzes. Keine Angaben gibt es über die Quantitäten der Liefermengen an den ersten Abnehmer, den Hochofen Jestetten. Ab 1705 tritt der Ofen im Laufen am Rheinfall ebenfalls (aktenmässig belegt) als Bezüger auf. Die vom Laufen bezogenen Erzmengen lagen bis ca. 1735 (mit Ausnahme von 1722/23) immer weit unter denjenigen von Eberfingen. Nach 1735 wurde der grösste Teil des geförderten Erzes nach dem Laufen geliefert, ab 1760 alles.

Das zu Beginn des 19. Jahrhunderts gewonnene Bohnerz wurde via Rheinau nach Albbruck (Albbrugg) geschifft. Nach der Wiedereröffnung des Hochofens

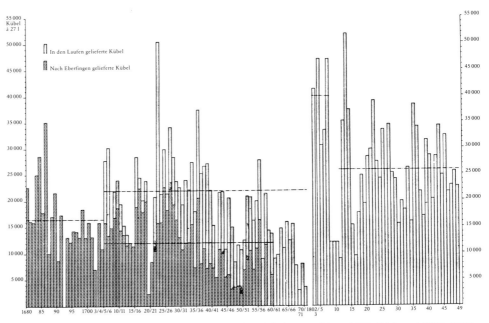

Fig. 15   Geförderte Bohnerzmengen, gemessen in Kübeln à 27 Liter, 1680–1771 und 1802–1850.

Laufen (1810) lieferte Bergwerksadministrator Fischer seine Erträge nur noch an den Rheinfall.

Diese letzte Periode des Abbaus weist deutlich auf den von Fischer bewusst geförderten Bergbau hin. Die abgebaute Bohnerzmenge lag im Durchschnitt höher als im 18. Jahrhundert. Zudem waren die Schwankungen (mit Ausnahme von 1813) nicht so stark wie diejenigen im 17. und 18. Jahrhundert.

Der Durchschnitt von 47 Jahren zwischen 1705 und 1760 lag bei 22 129 Kübeln (à 27 Liter), von 1810 bis 1850 bei 25 966. Der Mehrabbau in der letzten Periode liegt somit 17,4 % höher als im 18. Jahrhundert.

Eine Umrechnung der Anzahl geförderter Kübel Erz in Tonnen ergibt keine genauen Resultate, da einerseits das Kübelgewicht schwankte und andererseits zwei verschiedene Kübelmasse verwendet wurden.

Bei der Umrechnung der in Kübeln à 27 Liter gemessenen Erträge in «Tonnen» wurden Minimal- und Maximalwerte (44 kg und 79 kg pro Kübel) berücksichtigt und davon der Durchschnitt ermittelt.

Von 1680 bis 1760 bezog der Schmelzofen Eberfingen aus dem Klettgau: 1 032 689,5 Kübel, was durchschnittlich gerechnet ca. 63 510 t entspricht.

46

Von 1705 bis 1770 bezog der Hochofen Laufen aus dem Klettgau:
592 890 Kübel, was durchschnittlich gerechnet ca. 36 462 t entspricht.

Von 1810 bis 1850 betrug die Erzausbeute aus dem Klettgau:
321 185,75 Kübel (à 108 Liter) x 4 = 1 284 743 Kübel, was durchschnittlich
gerechnet ca. 79 011 t entspricht.

Das Total beträgt somit: 63 510 t
                                   36 463 t
                                  <u>79 012 t</u>
                         178 985 t oder ca. 970 t pro Jahr.

Auch Baumberger und Schalch kommen bei ihren Berechnungen auf ähnliche Resultate. Die abgebaute Gesamtmenge Bohnerz dürfte somit zwischen 170 000 t und 180 000 t gelegen haben.

Vorratsschätzung

Eine Schätzung der noch vorhandenen Erzmenge ist mit sehr grossen Schwierigkeiten verbunden. Ohne Bohrungen ist die genaue Verbreitung der Bohnerze nicht feststellbar.

Der Erzertrag pro km² abgebauter Fläche betrug nach Baumberger ca. 34 000 t gewaschenen Erzes. Dazu ist zu bemerken, dass die Grubenfelder nicht völlig ausgebeutet wurden, sondern nur die bedeutenderen Erztaschen total abgebaut wurden. Ein noch höherer Ertrag wäre möglich gewesen, aber mit bedeutend grösserem Aufwand. Baumberger errechnete die Grösse des abgebauten Gebietes auf ca. 4,7 km². Basierend auf dem durchschnittlichen Ertrag pro km² schätzt er den Vorrat an gewaschenem Erz auf dem Südranden auf etwa 160 000 t. Eine Ausbeutung im Tagbau würde aber eine vollständige Rodung des Waldes bedingen.

Nach dem Basler Geologen Dr. Schmidt sollen im Kanton Schaffhausen noch ca. 70 000 t Bohnerz liegen. Die von der Studiengesellschaft für die Nutzbarmachung schweizerischer Erzlagerstätten unter der Leitung des Geologen Dr. Glauser durchgeführten Untersuchungen zu Beginn der 1940er Jahre bestätigten die grosse Häufigkeit der Erzvorkommen, stellten aber gleichzeitig die Ausbeutung aus abbautechnischen Gründen ausser Betracht.

Die Schätzungen für die noch vorhandene Bohnerzmenge liegen also zwischen 70 000 t und 160 000 t, was die Problematik einer Schätzung des Erzgehaltes in diesem Gebiet unterstreicht.

Die Verarbeitung des Bohnerzes im Eisenhüttenwerk Laufen am Rheinfall

Früher wurde schon darauf hingewiesen, dass im Laufe der Jahrhunderte Bohnerz aus dem Südranden nach den Verhüttungsorten Jestetten, Eberfingen, Albbruck und Wehr sowie in den Laufen am Rheinfall geliefert wurde. Vor allem die Hüttenwerke Eberfingen an der Wutach und Laufen am Rheinfall waren die Hauptabnehmer des Bohnerzes. Da das Werk Eberfingen bereits Gegenstand detaillierterer Untersuchungen [18] war, wird im folgenden nur das Werk Laufen am Rheinfall behandelt.

Wasser war schon früher für den Bau von Schmelzöfen einer der wichtigsten Standortfaktoren, denn es kann als Enegielieferant (Wasserrad), zum Abschrekken von glühendem Eisen und als Transportweg genutzt werden. Der Rheinfall bot sich diesbezüglich als idealer Standort an.

Das Eisenhüttenwerk Laufen am Rheinfall

Mühlen, Schleifen und Schmieden

Aus Urkunden erfahren wir, dass das Kloster Allerheiligen schon während der zweiten Hälfte des 11. Jahrhunderts eine Mühle in Neuhausen besass. Ziemlich sicher ist auch, dass in der zweiten Hälfte des 14. Jahrhunderts im Laufen zwei Mühlen betrieben wurden und dass neben diesen schon vor 1400 Schmieden und Schleifen existierten. Die erste urkundliche Erwähnung von Eisenschmieden im Laufen fällt ins Jahr 1404. Die Eisenschmieden, die u. a. auch Doggererze aus den Randentälern verarbeiteten, gingen 1470 an Thomas Thöning über, brannten 1502 ab, wurden wiederaufgebaut und von Konrad Hurter übernommen. 1559 wurde eines der Eisenhammerwerke in eine Kupferschmiede umgewandelt.

Die Eisengiesserei

Im 17. Jahrhundert erlebte das Eisenwerk dank der Wiederaufnahme des Bohnerzabbaus im Südranden einen grossen Aufschwung. Im Jahre 1630 wird zum erstenmal von einer Eisengiesserei am Rheinfall gesprochen. Es war die Zeit des Dreissigjährigen Krieges. Angesichts der bedrohlichen Lage bemühte sich der Schaffhauser Rat um eine Erhöhung der Kriegsbereitschaft. Am 19. November 1630 fasste er den Beschluss, am Rheinfall einen Eisenschmelzofen zu bauen:
«... Ist erkent und ratsam funden worden, dass ein hütten und schmelzofen im Louffen gericht und ufgesetzt werden solle, daselbst eisen und eiserne kugeln ze

48

giessen und machen ze lassen und das ertz uss der Herrschaft Neukilch dahin zu führen.»

Über die Anlagen der Mühlen und Eisenwerke am Rheinfall des 16., 17. und 18. Jahrhunderts sind wir recht gut dokumentiert (*Fig. 16, Abb. 20*). Häufige Besitzänderungen in den nachfolgenden Jahrzehnten weisen darauf hin, dass sich das Eisengewerbe nur mühsam behauptete. Gegen Ende des 18. Jahrhunderts blieb der Hochofen gänzlich ungenutzt. Die Anlage wurde dermassen vernachlässigt, dass das Dach des Gebäudes einbrach und ein Nussbaum aus den Ruinen herauswuchs.

Während der Zeit der Helvetik ruhte der Betrieb ebenfalls. Umsonst bemühte sich der damalige Besitzer bei der Schaffhauser Regierung um finanzielle Unterstützung. Lediglich die (Kupfer-) Hammerschmiede und die Eisendrahtfabrik (Drahtzug) blieben in Betrieb. Als letztere auch nicht mehr rentierte, wurde sie in eine Tabakstampfe, dann in eine Holzschreinerei und 1834 schliesslich in eine Mühle umgewandelt.

Fig. 16   Das Eisenhüttenwerk Laufen am Rheinfall, Ausschnitt eines Kupferstichs von J. G. Seiler, 18. Jahrhundert.

Fig. 17   Titelblatt von Joh. G. Nehers Gusswaren-Verzeichnis, 1845 (Zentralbibliothek Zürich: Graphische Sammlung).

Die Wiederherstellung des Ofens im 19. Jahrhundert

Die Renaissance des Eisengewerbes am Rheinfall war Johann Georg Neher (Neher-Promenade), einem schwäbischen Einwanderer aus Mossbach (Württemberg), zu verdanken. Er hatte die Kunst der Eisenverhüttung erlernt. 1809 entzog er sich dem militärischen Aufgebot des napoleonischen Frankreichs durch Auswanderung nach Schaffhausen. Sehr zugute kam ihm die Tätigkeit des Bergwerksadministrators Johann Conrad Fischer, der ihn mit Bohnerz aus dem Südranden belieferte.

Der Standort des Hochofens war nach Meinung Nehers sehr günstig:

- Für den Antrieb des Gebläses sorgte das Wasserrad.
- Der Kanton Schaffhausen konnte den Rohstoff aus dem Südranden liefern.
- Die benötigte Holzkohle wurde aus Meilern des nahe gelegenen waldreichen Randens und des südlichen Schwarzwaldes bezogen.
- Die Märkte für die Eisenerzeugnisse waren in den Kantonen Schaffhausen, Thurgau und Zürich nahe gelegen und die Nachfrage noch ungesättigt.

50

Die Anfangsphase seines neuen Unternehmens verlief nicht sehr erfolgreich. Die baulichen Veränderungen und Erneuerungen waren teuer. 1811 fiel gar ein Teil der Anlagen einem Grossbrand zum Opfer. Nur dank dem Entgegenkommen der Schaffhauser Bergwerksverwaltung und der grosszügigen Unterstützung des Weinfelder Eisenhändlers Martin Haffter gelang es, die schwierigste Zeit zu überwinden. Der Hochofenbetrieb am Rheinfall erlebte einen mächtigen Aufschwung. Neher beschäftigte zeitweise über 100 Arbeiter. Dieses Werk wurde somit zum ersten industriellen Grossbetrieb im Kanton Schaffhausen.

Neher beschränkte sich zunächst vor allem auf die Herstellung von Giessereierzeugnissen direkt aus dem Hochofen, so z. B. von Stabeisen, Rund- und Streckeisen und auch von maschinell hergestellten Nägeln. Erst später erweiterte er das Angebot seiner Erzeugnisse. Aufschluss darüber gibt ein Gusswarenverzeichnis aus dem Jahre 1845 (*Fig. 17*):

Bodenplatten, Bratöfen, Gewichte, Pflugteile, Kessel, Roste, Röhren, Uhrengewichte, Radnaben, Pfannen, Mörser, Öfen, Herde, Kohlebügeleisen, Grabkreuze usw.

Durch einen glücklichen Zufall fand ich die im Verzeichnis aufgeführten «2 Hefte Abbildungen der Eisengiesserei Laufen am Rheinfall». Sie geben einen guten Einblick in die reiche Auswahl von Nehers Erzeugnissen. Sogar Brunnen konnten «ab Stange» bestellt werden, wie der Vergleich der Abbildungen im Gusswarenkatalog mit dem 1847 bis 1952 auf dem Freien Platz in Schaffhausen aufgestellten, aus Bohnerz geschmolzenen Brunnen zeigt (*Abb. 24, 25*). Dieser Brunnen steht heute im Park des Klosters Paradies, wo die Eisenbibliothek der +GF+ untergebracht ist.

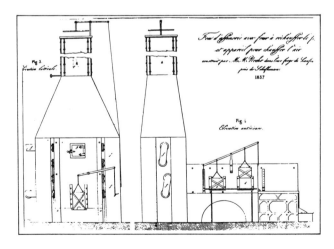

Fig. 18   Zeichnung des Glühofens im Laufen (Kupolofen), 1837.

Fig. 19 Eine Massel, die Handelsform des Eisens, daneben ein eiserner Nagel.

Aus dem Tagebuch von Bernhard Neher, dem Sohn von Joh. Georg Neher, erfahren wir, das auch Prinz Napoleon Louis Bonaparte, der bei seiner Mutter Hortense auf Schloss Arenenberg im Thurgau wohnte, Kunde der Neherschen Giesserei war. Er kam in den 1830er Jahren mehrmals nach dem Laufen, um kleine Kanonenkugeln zu bestellen, mit denen er auf Arenenberg Schiessübungen durchführte.

1823 gelang es Neher das Gonzenwerk (Plons) zu kaufen. Damit war ihm eine weitere wichtige Rohstoffquelle gesichert, und er konnte seine Anlagen am Rheinfall erweitern. 1837 baute er einen Kupolofen (*Fig. 18*) zur Aufschmelzung des aus dem Hochofen von Plons stammenden Masseleisens (*Fig. 19*). Dieses konnte, im Gegensatz zur Bohnerzverhüttung, nun mit Steinkohle geschmolzen werden. So wurde nun abwechslungsweise im Hochofen und im Kupolofen geschmolzen. 1850 beschloss die Schaffhauser Regierung, den Erzbergbau im Südranden einzustellen. Zusammen mit dem Mangel und der starken Preissteigerung der zur Verhüttung nötigen Holzkohle und dem Import billigeren ausländischen Eisens auf dem Schienenweg waren die Voraussetzungen für den weiteren Betrieb des Hochofens nicht mehr gegeben. Der Hochofenbetrieb wurde eingestellt. Allein der Kupolofen blieb.

Technische Daten des Hochofens

Über die Hochofenanlage aus der Neherschen Zeit selbst weiss man recht gut Bescheid. Im «Archiv für Bergbau und Hüttenwesen» von 1818 findet sich eine detaillierte Beschreibung des Werkes: «der Hoheofen ist etwa 26 Fuss hoch, gut

52

gebaut und mit einem tüchtigen Wassertrommelgebläse versehen.» Die Ofen-
höhe betrug somit über 8 m, und die Wochenleistung wurde mit 200 und mehr
Zentnern = 10 t Roheisen (geschmolzen aus Bohnerz) angegeben.

Bei den Aushubarbeiten für das Rheinfallkraftwerk Neuhausen wurde 1949
der Bodenstein des ehemaligen Hochofens gefunden (*Abb. 27, 28*). Er wird heute
im Klostergut Paradies aufbewahrt. Er könnte aus dem Schwarzwald oder aus den
Vogesen stammen. Der Stein ist, wie ein Ausschnitt der oberen Zone zeigt, sehr
stark mit glasigen Schlacken versintert und weist viele Eiseneinschlüsse auf.

Die Schlacken der Schmelze wurden kurzerhand ins Rheinfallbecken geschüttet, wodurch sie mit der Zeit eine eigentliche Terrasse bildeten, die sich bis
zum heutigen Parkrestaurant hinzieht.

Auf diesen Aufschüttungen wurden nach 1890 einige Gebäude der neu
gegründeten Aluminiumfabrik erstellt. Bei der im Frühjahr 1981 gebauten Brun-
nenanlage auf dem ehemaligen Werkareal der Aluminium-Industrie AG wurden
Schlackenaufschüttungen aufgeschlossen (*Abb. 23*).

Untersuchungsresultate von Schlackenanalysen in % (Hofmann 1981)

Analysen dieser Schlacken ergaben verschiedene Fe-Gehalte. Bei einer Probe
war der Eisengehalt mit 49,6 % grösser als der des Bohnerzes mit 40 bis 45 % Fe-
Anteil.

Probe	SiO_2	Al_2O_3	CaO	MgO	MnO	FeO	TiO_2	P	S
a	38,7	25,8	29,6	1,5	0,6	2,1	1,5		0,03
b	31,6	1,9	0,35	1,6	0,25	49,6	0,6	0,24	0,05

Diese Werte können nicht als repräsentativ für eine durchschnittliche Schlak-
kenzusammensetzung angesehen werden. Weitere Analysen drängen sich auf.

Bei den erwähnten Aushubarbeiten von 1949 wurden auch Überreste von
grossen, sogenannten «Schwanzhämmern», die zum Schmieden von Eisen benützt wurden, gefunden.

Ob es sich dabei um Überreste der Eisenhämmer aus dem 18. Jahrhundert handelt, konnte nicht festgestellt werden. Laut einer Aussage von Oberst Beyer aus
Neuhausen müssen insgesamt 3 grosse Schwanzhämmer vorhanden gewesen
sein. Bei den Fundstücken handelt es sich um Prellböcke und Prellbockjoche,
Teile des Schwanzhammers (*Fig. 20, Abb. 29/30*).

Die Anlagen, die nach der Stillegung des Hochofens und des Bohnerzbergbaus schliesslich von der Schweizerischen Aluminium Industrie AG übernom-

Fig. 20 Modell einer Eisen-
schmiede mit einem Schwanz-
hammer, 1. Hälfte 19. Jahrhundert (siehe auch Abb. 29/30).

men wurden, und die von ihr zusätzlich erstellten Gebäude existieren heute nicht
mehr. Sie wurden 1954 abgebrochen (*Abb. 26*).

Damit sind die Zeugen einer wichtigen Epoche der industriellen Entwicklung
vernichtet worden. Dafür wurde aber eine attraktivere Umgebung für die Be-
sucher des Rheinfalls geschaffen.

Neben dem Hochofen und den Schwanzhämmern waren noch andere Anlagen im Werk am Rheinfall vorhanden. Imthurn erwähnt in seiner Schrift das
Eisenwerk Laufen 1840 mit folgenden Anlagen:

1 Hochofen, 1 Kupolofen, 3 Frischfeuer, 2 Kleinfeuer,
1 Schmiede, 1 Schleife, 1 Tischler- und Drechslerwerkstatt

Carl Hartmann beschrieb einen Apparat zum Erhitzen der Luft für Frischfeuer
vom Laufen. M. Guenyveau fertigte Zeichnungen über die Glühöfen im Laufen
an (*Fig. 18*).

Bevölkerungsentwicklung und wirtschaftliche Aspekte
des Bohnerzbergbaus

Bevölkerungsentwicklung

Bis Mitte des 18. Jahrhunderts wurden im Kanton Schaffhausen keine Volkszählungen durchgeführt. Die erste Zählung erfolgte im Jahre 1770. Eine weitere
fand 1798 während der Helvetik statt. Mit der Gründung des Bundesstaates wurden ab 1850 Volkszählungen in zumeist zehnjährigen Intervallen zur vor-
geschriebenen Institution.

Die erste Hälfte des 19. Jahrhunderts brachte einen raschen Bevölkerungszuwachs nicht nur in den Klettgauer Gemeinden, sondern auch in den Gemeinden der anderen Kantonsteile, wie beispielsweise Randen oder Reiat. Ein Vergleich der absoluten Zahlen von 1798 und 1850 zeigt, dass in den Gemeinden des Klettgaus die Einwohnerzahl stark anstieg. Mit Ausnahme von Hallau weisen alle Gemeinden einen Zuwachs von über 38 % auf.

Ort	Bevölkerungszahl 1798 = 100%	Bevölkerungszahl 1850	Zuwachs
Beringen	798	1418	+ 77,69 %
Gächlingen	705	1194	+ 69,36 %
Osterfingen	449	622	+ 38,53 %
Guntmadingen	136	322	+ 136,76 %
Neuhausen	206	922	+ 347,57 %
Neunkirch	1087	1640	+ 50,87 %
Hallau	2250	2607	+ 15,86 %
Wilchingen	827	1345	+ 62,63 %

Einen Anstoss zur Bevölkerungszunahme gab sicher die erlösende, von den Gedankengängen der Französischen Revolution eingeleitete Befreiung der bisherigen politischen und wirtschaftlichen Gebundenheit der Landschaft an die Stadt. Die Einheitsverfassung, die am 2. April 1798 von der schaffhauserischen Nationalversammlung angenommen wurde, hob die Vorrechte der Stadt und ihrer Bürger auf und sicherte allen Schweizern das gleiche Recht der freien Niederlassung und das Recht der freien Wahl des Gewerbes (Handels- und Gewerbefreiheit). Mit der Handwerksordnung erhielten die Handwerker der Landschaft die gleichen Arbeitschancen wie ihre Kollegen in der Stadt. Zudem stellten Wirtschaftsparagraphen alle Bürger und damit auch die Bauern bezüglich «Gewinn, Erwerb und Handthierung» gleich.

Eine weitere Ursache des Bevölkerungswachstums war die grosse Zahl der Eheschliessungen von Gesellen und Knechten nach 1798. Bis anhin war es, meist aus finanziellen Gründen, fast ausschliesslich den Meistern möglich gewesen, eine Ehe einzugehen. Mit der Gleichberechtigung von Stadt und Land und der Aufhebung der Zunftrechte (1798) änderte dies schlagartig.

Über die finanzielle Lage schienen sich die zumeist jungen Brautleute wenig zu kümmern. Erzinger[19] berichtet dazu: «Macht ja nichts, wenn wir auch kein Vermögen haben, wir bekommen ja Gemeindfeld ...» In dieser sicheren Aussicht (unterstützt zu werden) verfallen sie in stumpfe Trägheit. Keiner will vom

Flecke weichen. Sie hocken aufeinander ohne etwas Ordentliches zu treiben oder ein Handwerk ordentlich zu lernen.» Eine solche Belastung brachte die ohnehin schon finanzschwachen Gemeinden in noch tiefere Schuld und Armut.

Die Erzgräber aus dem Klettgau

Die folgende Übersicht zeigt, dass zwischen 1800 und 1850 durchschnittlich zwischen 40 bis 60 Einheimische als Erzgräber tätig waren. Zudem waren ca. 100 Bauern als Fuhrleute beschäftigt. Leider gibt die Arbeit von Lang nur beschränkt Auskunft über die Anzahl der Beschäftigten im Bergbau (*Fig. 21*).

Eine Korrelation der im Bohnerzbergbau Beschäftigten aus der ersten Abbauperiode (1678–1771) mit der gesamten Bevölkerungszahl ist ebenfalls nicht möglich. Es ist jedoch wahrscheinlich, dass stets Erzgräber aus den Klettgauer Gemeinden im Bergbau tätig waren. Dabei dürfte es sich, wie vereinzelte Angaben erkennen lassen, vornehmlich um Osterfinger Bürger gehandelt haben.

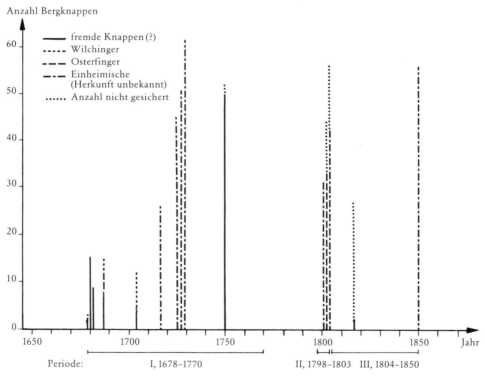

Fig. 21   Zahl der Klettgauer Erzgräber, 1678–1850.

56

Abb. 20 Schmelzhütte am Laufen (Ende 18. Jh.)

Abb. 21 und 22 Siegel der Bergwerksadministration 1801 (Staatsarchiv Schaffhausen)

Abb. 23 Aufschluss von Schlackenschichten am Rheinfall

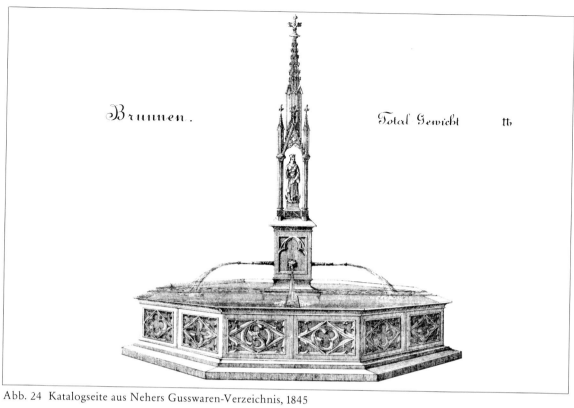

Abb. 24 Katalogseite aus Nehers Gusswaren-Verzeichnis, 1845

Abb. 25 «Eiserner Brunnen» vom Freien Platz in Schaffhausen, heute im +GF+-Klostergut Paradies

Abb. 26 Aluminiumhütte am Rheinfall, um 1920

Abb. 27 Bodenstein aus dem Hochofen am Laufen

Abb. 28
Studie von A. Stamm

Bodenstein aus dem Hochofen
am Laufen (Rheinfall)

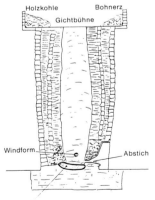

Holzkohle   Bohnerz
          Gichtbühne

Windform   Abstich

Bodenstein aus feuerfestem
Quarzstein

Schachthöhe des Ofens ~ 6,5 m

Abb. 29 Jochteile des Hammerwerks (siehe S. 54, Fig. 20)

Abb. 30 Prellböcke

Abb. 31 Bohnerzabbau im Stollen (Pickel Abb. 14)

Abb. 32 Bohnerzgruben im Raume Wasenhütte

Die wirtschaftliche Situation der Klettgauer Bevölkerung im 17. bis 19. Jahrhundert

Obwohl die Stellung der ländlichen Bevölkerung von Gesetzes wegen besser wurde, war ihre wirtschaftliche Situation infolge der starken Bevölkerungsentwicklung äusserst prekär. Der Konservativismus in der Landwirtschaft des 17. bis 19. Jahrhunderts (Dreizelgenwirtschaft und Flurzwang) herrschte noch im ganzen Klettgau vor. Der Hang zum Althergebrachten war stark, die Haltung dem Neuen gegenüber (Düngung, Drainage, Fruchtwechsel) ablehnend. Es fehlte den Bauern an Willen und auch am nötigen Geld, solche Projekte durchzuführen.

Die starke Bevölkerungszunahme hatte ihre Rückwirkungen auf das gesamte ländliche Erwerbsleben. Sie hatte eine vermehrte Nachfrage nach Grundstücken und damit eine weitgehende Güterzerstückelung einerseits und eine Verknappung des Bodens andererseits zur Folge. Die Zahl der Kleinstbetriebe wuchs. Die meisten der grossen Familien litten unter drückenden Schulden, die auf die Steigerung der Grundstückspreise und vor allem auf die erhöhten Getreidepreise zurückzuführen waren. Viele Bauern waren nicht mehr in der Lage, ihre Familien durchzubringen. Erzinger hat in seiner Arbeit die finanzielle Lage (für die erste Hälfte des 19. Jahrhunderts) anhand umfassenden Zahlenmaterials aufgezeichnet:

Ort	Konkurse 1841–1852 auf 100 Einwohner	Pfändungen	Anzahl Treibzettel	Treibzettel auf 100 Einwohner
Neunkirch	1,4	40	158	9,63
Beringen	2,3	70	269	18,97
Gächlingen	2,5	49	195	16,33
Osterfingen	6,5	89	306	49,20
Wilchingen	2,8	124	470	34,94
Löhningen	1,7	–	40	4,63
Guntmadingen	–	–	2	0,86

Insbesondere die Zahlen der Ortschaft Osterfingen verdeutlichen die äusserst schlechte wirtschaftliche Lage in der damaligen Zeit. Zudem waren die Wohnraumverhältnisse äusserst ungünstig. In den Klettgauer Dörfern wohnten oft zwei und mehr Familien in einem Haus. Bei den Bauernhäusern handelte es sich um Bauten mittlerer bis kleiner Grösse, im Vergleich beispielsweise zu einem Berner Bauernhaus, das als gross bezeichnet werden darf. Dieser Umstand wird durch eine Zusammenstellung der Häuser- und Familienzahl pro Gemeinde belegt:

Ort	Häuserzahl 1852	Zahl der Familien pro Haus	Bevölkerung 1850
Osterfingen	70	1,77	622
Gächlingen	122	1,99	11,94
Guntmadingen	23	2,00	322
Beringen	150	1,89	1418
Neunkirch	197	1,66	1640
Wilchingen	–	1,45	1345

Leider hat Erzinger die Grösse der Familie nicht angegeben. Ein Vergleich mit den Bevölkerungszahlen von 1850 zeigt aber, dass er die durchschnittliche Familiengrösse mit 5 Personen festgelegt haben muss. Dies scheint aber eine kleine Zahl zu sein. Die effektive Zahl dürfte bei 7 gelegen haben. Eine Liste der Familien, die 1852 aus Gächlingen ausgewandert sind, ergibt eine durchschnittliche Grösse von 7 Personen pro Familie.

In dieser wirtschaftlichen Misere war für manchen Klettgauer Bauern der Nebenverdienst als Fuhrmann (für den Transport der Bohnerze nach dem Laufen, Eberfingen oder Rheinau) oder die Arbeit als Erzgräber sehr willkommen.

Aspekte der wirtschaftlichen Bedeutung des Bergbaus

Die Quellenlage lässt eine Bearbeitung der Frage der wirtschaftlichen Bedeutung des Bergbaus nur für die letzte Abbauperiode (1803–1850) zu. Vereinzelte Quellen geben Hinweise auf die Zeit vor 1800.

Die Bedeutung des Bergbaus für die Erzgräber

Erste Hinweise über den Verdienst eines Bergknappen erhalten wir aus dem Osterfinger Erzbüchlein: 1728/29 wurden für das Graben von 1 Kübel Erz 5 Kreuzer ausbezahlt. Bei einer durchschnittlichen Tagesleistung von 25 Kübeln konnte ein Erzgräber 1728 mit 125 Kreuzern = 2 Gulden 5 Kreuzer Einkommen pro Tag rechnen. Nach damaligen Marktpreisen hätte sich ein Erzgräber mit einem Tageslohn theoretisch beispielsweise ca. 90 Liter Gerste oder 170 Liter Wein kaufen können. Das scheint auf den ersten Blick viel zu sein. Bedenkt man aber die Grösse der Familie, die Kosten für Nahrung, Kleider, Haushalt, den Unterhalt von Vieh und Gerätschaften, die Tilgung von Schulden, den oft intensiven Gasthausbesuch und vor allem die Tatsache, dass er nicht täglich in den

Gruben arbeiten konnte, so kann man annehmen, dass auch mit dem im Bergbau zusätzlich verdienten Geld die finanzielle Lage einer Familie nur wenig aufgebessert werden konnte. Immerhin war es ein willkommenes Zusatzeinkommen.

Diese für manchen aussichtslose Situation förderte anscheinend unter anderem auch den regen Besuch von Wirtshäusern. Der durch den Bergbau eingebrachte Verdienst wurde oftmals über das Wochenende (wenigstens teilweise) vertrunken. Das Kantonsgericht brachte 1848 der Regierung zur Kenntnis, dass die Wirtschaft des Osterfinger Grubenvogtes Ritzmann (er hatte sich mit Erfolg um die Betreibung einer Pintenwirtschaft beworben) einen sehr nachteiligen Einfluss namentlich auf die Erzgräber ausübe, «indem dieselben den vom Grubenvogt ausbezahlten Lohn bei ihm wieder zu vertrinken pflegten und sich auf diese Weise allmählich einem liederlichen Lebenswandel ergäben und ihren Haushaltungen selten etwas zukommen liessen».

Die Bedeutung des Bergbaus für die Fuhrleute

Der Lohn pro Kübel gewaschenes Bohnerz lag für Fuhrleute, der Unterhaltskosten für die Pferde wegen, höher. Um 1801 wurden für den Transport eines Kübels Bohnerz 15 Kreuzer bezahlt. 1835 lag der Lohn für einen Kübel schon bei 54–58 Kreuzern. Zu Beginn des 19. Jahrhunderts wurde das Fuhrwesen neu verpachtet. Diese Verhandlungsart hatte einen grossen Preisdruck bei den Fuhrlöhnen zur Folge, da es viele Interessenten gab.

Der Konkurrenzkampf zeigt sich in den folgenden Zahlen:

Fuhrlohnforderungen für einen Kübel Erz

Gächlingen	49–50 Kreuzer
Osterfingen	49 Kreuzer
Wilchingen	46 Kreuzer
ein Jestetter	40 Kreuzer
ein Osterfinger	39 Kreuzer

Die Fuhrpreise wurden dann einheitlich auf 44 Kreuzer festgelegt und an verschiedene Fuhrleute verpachtet. 1804 regelte ein neuer Vertrag zwischen der Bergwerksadministration und den Gemeinden das Fuhrwesen.

Wie viele Kübel Erz pro Fahrt transportiert werden konnten und wie oft ein Fuhrmann pro Tag den Weg machte, lässt sich nicht feststellen. Aufgrund der vorhandenen Akten kann lediglich eine Totalsumme an ausbezahlten Fuhrlöhnen beispielsweise für das Jahr 1804 aufgestellt werden:

Von	wurden geführt	Preis	Summe
Neunkirchern	3386 Kübel	à 36 Kreuzer	2031 Gulden
Wilchingern	1359 Kübel	à 40 Kreuzer	906 Gulden
Osterfingern	718 Kübel	à 40 Kreuzer	478 Gulden
Gächlingern	1666 Kübel	à 40 Kreuzer	1110 Gulden
Guntmadingern	3139 Kübel	à 36 Kreuzer	1883 Gulden
Beringern	661 Kübel	à 36 Kreuzer	396 Gulden
Jestetter Wirt	838 Kübel	à 36 Kreuzer	502 Gulden

In den 1840er Jahren sank der Erzpreis wegen ausländischer Konkurrenz stetig. Um die Gestehungskosten des einheimischen Rohstoffes zu verbessern, wurde eine Reduktion der Fuhrpreise von durchschnittlich 5 Kreuzern pro Kübel vorgenommen.

Die Bedeutung des Bergbaus für die Gemeinden

Da das Recht zur Konzessionserteilung für das Schürfen immer staatliche Angelegenheit war, konnten die Gemeinden kaum mit einer Gewinnbeteiligung aus dem Erzabbau rechnen. Sie hatten lediglich die Möglichkeit, für den angerichteten Waldschaden Entschädigung zu verlangen.

Aufwand und Ertrag der staatlichen Bergwerksadministration

Von der dritten Abbauperiode 1804–1850 liegen detaillierte Rechnungen nur für die Jahre 1813–1818 und 1830–1847 vor. 1815 und 1816 war der Abbau defizitär, verbesserte sich aber wieder, und ab 1820 lagen die Einnahmen durchschnittlich immer zwischen 2000 bis 6000 Gulden höher als die Ausgaben.

Im folgenden werden die prozentualen Anteile der Ausgabeposten und des Reinertrages dem jährlichen Einnahmetotal der Bergwerksadministration gegenübergestellt.

Reinertrag	21,11 %
Erzgräberlöhne	41,65 %
Fuhrlöhne	20,76 %
Gemeindeentschädigungen	2,18 %
Grubenmaterial	6,72 %
Bruderschaftskasse	0,82 %
Besoldung der Grubenvögte	6,01 %
restliche Ausgaben	0,75 %
Total	100 %

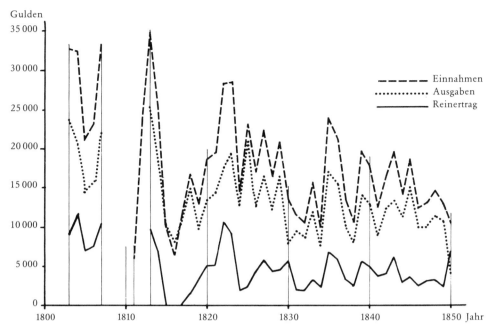

Fig. 22   Einnahmen, Ausgaben und Reinertrag der Bergwerksadministration

Der Reinertrag aus dem Bohnerzbergbau betrug durchschnittlich etwas über 20 %. Mehr oder weniger stabil waren die Ansätze der Gemeindeentschädigungen, die sich durchschnittlich zwischen 1,4 und 2,4 % bewegten, und die Erzgräberlöhne, die zwischen 38 bis 42 % lagen. Einzig die Fuhrlöhne wiesen grössere Schwankungen auf (17 bis 24 %) und ebenfalls die Ausgaben für Spesen und Besoldung der Grubenvögte und des Bergwerksadministrators (2 bis 13 %). Die Ausgaben für Grubenmaterial stiegen jährlich leicht an (von 2 auf 9 %). Vom Total der jährlichen Einnahmen der Bergwerksadministration entfielen somit durchschnittlich 70 bis 80 % auf die verschiedenen Ausgabeposten, die restlichen Prozente flossen der Staatskasse als Reingewinn zu (jährlich durchschnittlich 3500 Gulden) (*Fig. 22*).

Die Bedeutung des Bergbaus für den Staat

Den grössten Profit aus dem Bohnerzbergbau zog folglich die Staatskasse. Es stellt sich hiermit die Frage der Bedeutung dieser Einnahmen innerhalb des Gesamtbudgets des Kantons Schaffhausen. Für die Untersuchung dieser Frage standen als Quellen die alten Rechnungsbücher des Kantons Schaffhausen zur Verfügung. Eine erschöpfende Aufarbeitung der Zahlen im Rahmen dieser Arbeit war jedoch nicht möglich. Der Umstand, dass verschiedene Einnahmen ab 1833 unter anderen Titel verbucht wurden als vorher, erschwerte die Auswertung. So treten ab 1833 beispielsweise erstmals die Rubriken Vermögens-, Gewerbe- und Einkommenssteuern auf. In der Periode vor 1833 wurden gewisse Zolleinnahmen getrennt aufgeführt, was nachher nur noch summarisch geschah. Zum Vergleich wurden deshalb nur die Totaleinnahmen des Staates, daneben noch einzeln die Einnahmen von Wald- und Salzregal, der Wirtschaftspatente und des Bierzolls herangezogen. Diese Kolonnen sind in den Rechnungsbüchern durchgehend getrennt aufgeführt. Der Vergleich beschränkt sich auf die Jahre 1815–1850 innerhalb der letzten Abbauperiode.

Staatseinnahmen	Summe	% Anteil
Total	142 214,25 Gulden	100
Wald	10 408,05 Gulden	7,3
Salz	16 039,38 Gulden	11,27
Eisenerz	3885,13 Gulden	2,7
Wirtschaftspatente	4812,16 Gulden	3,38
Bierzoll	523,19 Gulden	0,36

Durchschnittliche Einnahmen des Kantons Schaffhausen 1815–1850

Zusammenfassend kann festgestellt werden, dass die jährlichen Einnahmen der Bergwerksadministration durchschnittlich so hoch waren, dass damit sämtliche angefallenen Ausgaben aus dem Bergbau gedeckt und ein Reinertrag von ca. 20 bis 30 % als eigentliche Staatseinnahme verbucht werden konnten. Diese Einnahmen betrugen, gemessen am Total der Staatseinnahmen durchschnittlich 2,7 %. Das Ausbleiben dieser Einnahmen nach der Stillegung des Bergbaus 1850 hatte demnach eine merkliche Reduktion der Einnahmen im Haushaltungsbudget des Kantons Schaffhausen zur Folge.

Die Stillegung des Bergbaus und seine Auswirkungen auf die Bevölkerung

Mit Beginn des Zeitalters der Eisenbahn und der damit verbundenen billigeren Einfuhr des Eisens (v. a. aus England) musste der Bergbau 1850 völlig eingestellt werden. Die Krise hatte sich seit einiger Zeit angebahnt und setzte 1850 mit aller Schärfe ein. Die Bevölkerung der Klettgauer Gemeinden, insbesondere diejenige von Osterfingen, profitierte während aller drei Abbauperioden vom Bergbau, bekam nun aber auch die Folgen der Stillegung hart zu spüren. Der willkommene Nebenverdienst der Bauern als Erzgräber und Fuhrleute fiel aus, die vollamtlichen Erzgräber wurden arbeitslos.

Die eingetretene Wirtschaftskrise war die Folge einer bis anhin ganz auf städtische Interessen ausgerichteten Wirtschaftspolitik. Zudem zeigten die neuen territorialen Verhältnisse ausserhalb des Kantons Schaffhausen ihre Auswirkungen. Nach der Französischen Revolution existierten in den nördlichen Nachbargebieten keine Kleinstaaten mehr. Das neugeschaffene Grossherzogtum Baden entwarf eine Verkehrs- und Wirtschaftspolitik, die sich mehr nach Norden und weniger nach Süden, d. h. der Schweiz, ausrichtete.

Wichtige Handelsbeziehungen fielen aus. Die Schaffung von hohen Zollgebühren und der mangelnde Zollschutz wirkten sich zusätzlich hemmend auf die bisher gepflegten Wirtschaftsbeziehungen aus. Dazu kamen noch die Folgen der bereits 1845 erstmals aufgetretenen «Kartoffelkrankheit», die die Kartoffelernten stark reduzierte. Ungünstige Witterungsverhältnisse erhöhten den Schaden in der Landwirtschaft zusätzlich.

Der Vergleich mit anderen Gemeinden des Kantons zeigt (*siehe Fig. 23/24*), dass die Klettgauer Gemeinden durch die Stillegung des Bergbaus 1850 sofort und direkt betroffen wurden. Während in anderen Gemeinden die Bevölkerung nach 1850 noch anstieg oder zumindest bis 1870 stabil blieb, setzte die Bevölkerungsabnahme im Klettgau bereits nach 1850 ein. Neuhausen und Schaffhausen dagegen verzeichneten ein grosses Bevölkerungswachstum.

Nicht nur die Wirtschaftskrise, sondern vor allem die durch sie betroffene grosse Bevölkerungszahl beschleunigten nun diesen Zustand. Die Gemeinden waren, wirtschaftlich gesehen, zu klein und zu finanzschwach, um eine derart einschneidende Krise auffangen zu können. Die Folgen waren eine starke Landflucht in die Stadt und eine Auswanderung nach Übersee. Die Bevölkerungszahl der Gemeinden begann beträchtlich zu sinken. Viele Bauern und ihre Familien entschlossen sich zur Auswanderung, um dem Hunger, der Überschuldung oder dem Bankrott zu entgehen. Eine gute Startbasis für eine Auswanderung war dies freilich nicht.

Die in Schaffhausen und Neuhausen sich langsam entwickelnde Industrie wirkte sich in dieser Situation günstig aus, da sie Arbeitsplätze schuf, damit aber auch die Landflucht förderte. Die Städte waren aber nicht in der Lage, der gesamten überschüssigen Landbevölkerung Arbeit zu verschaffen.

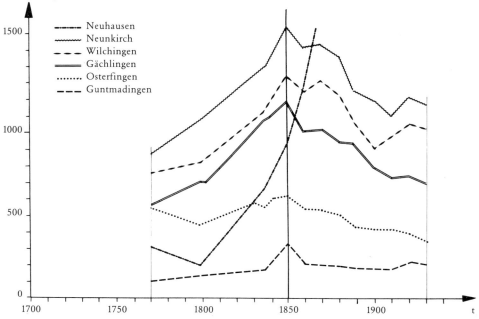

Fig. 23 Bevölkerungsbewegung in Klettgauer Gemeinden, 1770–1930.

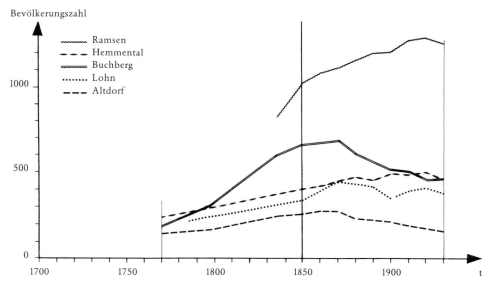

Fig. 24 Bevölkerungsbewegungen in anderen Schaffhauser Gemeinden, 1770–1930.

64

Das Ausmass der Ab- und Auswanderung in einzelnen Gemeinden sei hier veranschaulicht:

Anzahl Personen, die ab- bzw. auswanderten

Jahr:	1851	1852	1853
Gächlingen	11	141	5
Neunkirch	7	74	5
Wilchingen	14	12	5
Osterfingen	71	5	5

Vor allem das ehemalige Bergbaudorf Osterfingen weist ein Jahr nach Einstellung des Abbaus einen enorm hohen Wegzug auf. Aufgrund der statistischen Belege kann also gezeigt werden, dass der Bergbau eine wesentliche wirtschaftliche Bedeutung in einzelnen Klettgauer Gemeinden hatte und dass sich die Auswirkungen der Stillegung des Hochofens am Rheinfall und damit verbunden auch des Bergbaus in einer hohen Ab- und Auswanderung niederschlugen.

Der Wald und seine Beeinflussung durch die Erzgewinnung

Der Einfluss des Bohnerzbergbaus auf den Umfang und den Aufbau des Waldes lässt sich schwierig ermessen. Wegen der spärlich vorhandenen Quellen und Literatur sind der Ausführung dieses Kapitels enge Grenzen gesetzt. Es liegt nur eine umfassende Arbeit über die Bohnerzverhüttung und deren Holzversorgung von Stoll[20] vor. Auch er weist auf die ungünstige Quellenlage hin.

Das Waldbild im Abbaugebiet im Wandel der Zeit

Sämtliche Gruben liegen im Waldgebiet. Wir dürfen annehmen, dass die mit Gruben durchsetzten Flächen nach Beendigung der Bergbautätigkeit nicht aufgeforstet, jedoch vom Wald wieder überwachsen wurden. Es ist höchstwahrscheinlich, dass die Abbaubezirke vor Beginn des Bergbaus ebenfalls Wald getragen haben, wenn auch in anderer Zusammensetzung und Dichte als heute. Die Klettgauebene bot den Bürgern genügend Wirtschaftsfläche, so dass sie nicht gezwungen waren, den Wald in abgelegenen Gebieten zu roden.

Dies im Gegensatz zu den Randengemeinden, die einen Grossteil der Randenhochfläche rodeten und in Ackerland umwandelten.

Ein gutes Beispiel stellt Merishausen dar, das im Mittelalter ein Zentrum der Eisenverhüttung war. Damals wurden zudem die Wälder um das Dorf und auf den Randenhochflächen geschlagen, um den grossen Holzbedarf für die Köhlerei und die Eisenschmelzung zu decken. Guyan zeigt, dass im Jahre 1684 das Waldareal des Gemeindebannes Merishausen wegen der vorausgegangenen Rodung und Holznutzung u. a. für die Eisenschmelzen nur etwa ⅓ der Fläche von 1940 ausmachte (242,5 ha gegenüber 746 ha). In Oberbargen (nördlich von Merishausen) konnten 11 Meilerplätze nachgewiesen werden.

In der von Christoph Jetzler 1770 verfassten Arbeit über die Beschaffenheit des Schaffhauser Waldes wurde nirgends auf die Erzgräberei und deren Auswirkungen hingewiesen. Vielmehr begründete er die damaligen Lichtungen des Waldes und den Waldschaden mit dem unfachmännischen Forstbetrieb, mit dem Bevölkerungswachstum und dem stark zunehmenden Holzverbrauch. An eine Wiederaufforstung wurde damals nicht gedacht.

«Die grösste Ursach aber meines Erachtens ist die fast überall verbreitete weichliche und wollüstige Lebensart.» Damit meinte er das häufige Anrichten warmer Speisen, das Erstellen von mehr Häusern, das Ausbauen der Stuben und insbesondere das vermehrte Einrichten von Heizungen in bald allen Zimmern. Zudem wurde in dieser Zeit sehr viel Holz zur Herstellung von Deucheln (Wasserleitungen) gebraucht. Auch der Bedarf an Rebstecken für den Weinbau musste gedeckt werden. Um die recht grossen Mengen beschaffen zu können, war Schaffhausen auf Holzzufuhr aus dem Schwarzwald angewiesen.

Es stellt sich nun die Frage, wie gross der Einfluss des Bergbaus auf den Wald im Südranden war.

Die detaillierte Untersuchung der Peyerkarte des Kantons Schaffhausen von 1684 durch S. Wyder (*Fig. 25*) hat gezeigt, dass die Waldfläche im Südranden seit dem 17. Jahrhundert nur sehr wenig zugenommen hat:

Gemeinde	Wald in ha 1951	Wald in ha 1684	Veränderungen in ha
Guntmadingen	256,28	245	+ 11
Hallau	596,69	560	+ 37
Neuhausen	384,84	360	+ 24
Neunkirch	788,46	768	+ 20
Osterfingen	293,86	248	+ 46
Wilchingen	587,97	540	+ 48

Die Veränderungen beschränken sich hauptsächlich auf die Waldränder, wo einst beweidetes Land dem Wald überlassen wurde. Einzig die Osterfinger hatten mangels genügend Felder im Tal auf dem Rossberg roden müssen. Zu einem späteren Zeitpunkt wurde der Grossteil dieser Rodungsfläche speziell mit Föhren wiederaufgeforstet.

66

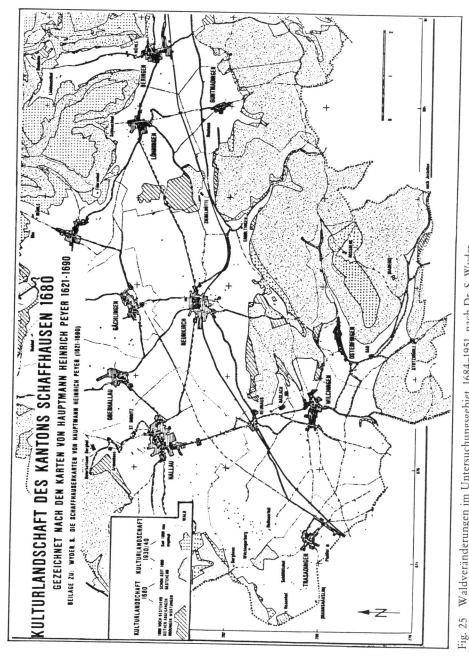

Fig. 25 Waldveränderungen im Untersuchungsgebiet, 1684–1951, nach Dr. S. Wyder.
(Grob punktierte Flächen: seit 1680 neu angelegt; fein punktierte Flächen: schon seit 1680 bestehend; schräg schraffierte Flächen: heute nicht mehr bestehende Waldflächen).

67

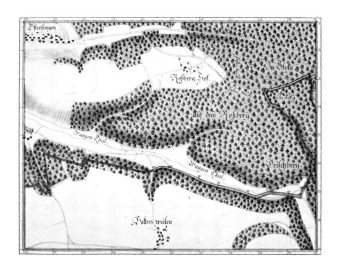

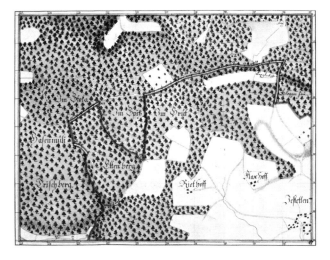

Fig. 26/27 2 Blätter der Peyer-
Grenzkarten, 1688 (Staatsarchiv
Schaffhausen).
Man beachte die total gerodete,
für landwirtschaftliche Zwecke
genutzte Hochfläche des Ross-
bergs; ansonsten zeigt der Wald
ein geschlossenes Bild.

Auch die Grenzkarten von Peyer (*Fig. 26/27*) zeigen südlich und östlich der
Rodung Rossberghof ein durchweg geschlossenes Waldbild. Ein systematisch
betriebener Bergbau hätte im Grunde eine vorherige systematische Rodung erfordert. Wegen der einfachen und kleinräumigen Abbautechnik wurden aber nur
die im momentan betriebenen Grubenbezirk als hinderlich empfundenen
Bäume geschlagen. Das dabei gewonnene Holz konnte eine zweifache Verwen-
dung finden. Erstens wurde es als Bauholz zur Auszimmerung der Schächte und
Stollen gebraucht. Dieser Bedarf war aus dem Holz, das bei den «Rodungen»

68

anfiel, zu decken. Das von der Stadt Schaffhausen zu liefernde Bauholz dürfte aus Staatswaldungen entnommen worden sein. Zweitens diente das Holz zur Herstellung der Holzkohle, die einen wichtigen Faktor bei der Eisenverhüttung darstellte. Es wurde etwa das Zehnfache der Erzmenge zur Reduktion gebraucht. Die Meilerei spielte eine bedeutende Rolle als Nebengewerbe.

Die Holzbeschaffung und die Meilerei

Die den Klettgau umgebenden Wälder mussten einen Teil des zur Verhüttung des Erzes notwendigen Holzes liefern. Besonders beansprucht wurden im 18. Jahrhundert die Waldungen auf dem Hallauerberg, die der Schmelze Eberfingen am nächsten lagen. 1760 lieferte Hallau zum letztenmal Holz nach Eberfingen. Es darf angenommen werden, dass im Südranden eine Anzahl von Köhlerplätzen (*Fig. 28*). vorhanden war, die zur Versorgung der Schmelzen beigetragen haben. Über ihre Standorte ist bis heute wenig bekannt. Es gibt jedoch mehrere Flur- und Waldnamen, die auf ehemalige Köhlerstellen hinweisen:

Kohlfirst (südöstlich von Schaffhausen)
Cholplatz (südwestlich vom Rossberghof)
Cholerbuck (südlich von Guntmadingen)

Fig. 28 Herstellung eines Kohlenmeilers, 18. Jh. 1. Planieren der Bodenfläche, 2. Aufbauen des Meilers, 3. Bedecken des Meilers mit der sog. «Löschi», 4. brennender Meiler, 5. ausgebrannter Meiler, 6. Abreissen des Meilers. Zur Herstellung der Holzkohle wurden die geschlagenen Bäume in den Wäldern in gleichmässige Scheiter gespalten und um einen senkrechten Schacht angeordnet. Der auf diese Weise entstandene Meiler wurde mit der sog. «Löschi» bedeckt, damit das Holz nicht verbrannte, sondern infolge der ungenügenden Luftzufuhr nur verkohlte. Nach dem Erkalten wurde der Meiler auseinandergezogen und die noch brennenden Stücke mit wenig Wasser gelöscht. Löschi = Gemisch aus Erde, Lehm, Asche, Laub u. a. m.)

Ein Zusammenhang mit der Eisenerzgewinnung lässt sich aber nicht direkt nachweisen, da bis heute noch keine Meilerplätze im Südranden gefunden wurden.

Zur Verhüttung von 100 t Roherz waren ca. 1000 t Holzkohle erforderlich. Zu deren Herstellung wären nach Frei etwa 6000 Festmeter Holz benötigt worden, was einem Holzbestand von ca. 16 ha Wald entsprochen hätte. Bei einer Gesamtwaldfläche von 2516 ha hätten sich bei Kahlschlag also ca. 157 000 t Holzkohle gewinnen lassen, was zur Verhüttung von 15 700 t Erz gereicht hätte. Im Zusammenhang mit der Köhlerei war der Holzvorrat eines Waldes ein wichtiger Faktor. Mangels genügender Quellenhinweise kann die Frage nach dem «inneren Aufbau» des Waldes, dem Holzvorrat und dem Ausmass der Nutzung nicht beantwortet werden. Woher die Holzkohle kam und wie gross die eingeführte Menge war, konnte ich ebenfalls nicht feststellen. Lediglich die im Laufen geschmolzenen Mengen Bohnerz lassen eine Schätzung zu. Bei der verhütteten Erzmenge von ca. 115 000 t (seit Schmelzbeginn bis 1850) waren ungefähr 1 150 000 t Holzkohle benötigt worden. Davon musste wohl der grösste Teil aus dem Schwarzwald importiert werden. Die Herstellung dieser Menge Holzkohle hätte (nach vorhin angegebener Rechnung) ca. 18 500 ha Wald erfordert, mehr als 7,3mal soviel als der Wald im Südranden.

Basierend auf Angaben des Kantonalen Forstamtes Schaffhausen, ergibt sich folgendes Bild: Für 1 t Holzkohle sind 4 t Holz (ca. 5 m³) erforderlich. Ein Meiler benötigt 45 Ster Holz = ca. 30 m³. Dies ergibt also 24 t Holz oder 6 t Holzkohle. Dafür sind ca. 4 a Wald nötig.

Aus ca. 1 150 000 t Holzkohle ergäbe sich demnach:
1 150 000 t: 6 t = 192 500 x 4 a = 7700 ha: 2516 ha = ca. 3. Nach dieser Berechnung hätte der gesamte Wald des Südrandens dreimal abgeholzt werden müssen.

Die grossen Unterschiede bei den Berechnungen haben ihren Grund unter anderem in den verschiedenen Grössen und Stammdurchmessern der für die Holzkohlenherstellung verwendeten Bäume. So benötigte ein Meiler von ca. 45 Ster etwa 6 Bäume mit 70 cm Brusthöhendurchmesser oder ca. 42 Bäume à 30 cm. Dies entspricht ca. 4–5 a resp. 3–4 a Wald. Bei den durchgeführten Berechnungen ist festzuhalten, dass sich diese auf einen Totalbedarf von Holzkohle beziehen, der zu einem einzigen Zeitpunkt zusammengezogen wurde. Die Eisenverhüttung und damit der Holzkohlenverbrauch erstreckte sich aber bekanntlich über mehrere Jahrhunderte. Ein durch Köhlerei gelichteter Wald hätte sich innerhalb dieser Zeiträume jeweils wieder regenerieren können.

Für den Hochofen Eberfingen dagegen liegt einiges Zahlenmaterial aus Quellen vor, die Stoll bearbeitet hat. Die dortigen Verhältnisse dürften mit denen im Laufen vergleichbar sein. Einen ersten Hinweis auf Holzlieferungen gibt ein Vertrag aus dem Jahre 1660, in dem sich Fürstenberg verpflichtete, dem Werk Eber-

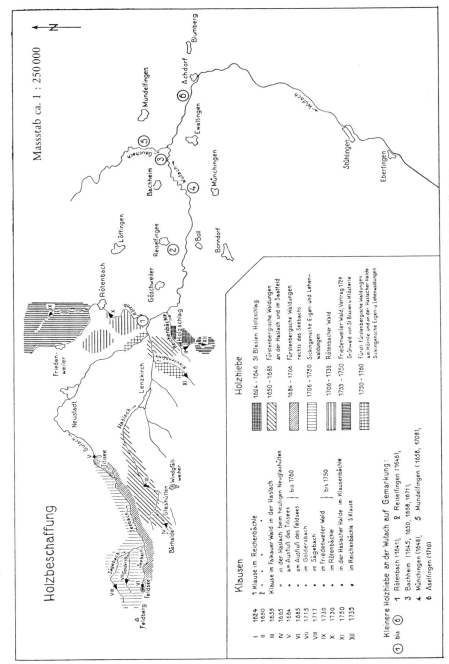

Fig. 29 Holzbeschaffungsbezirke im süddeutschen Raum, 17. und 18. Jahrhundert, nach M. Stoll, 1954.

fingen jährlich 100 Klafter Holz zu senden. Das Holz wurde auf der Wutach bei Hochwasser nach Eberfingen geflösst. 1685 waren in Eberfingen von total 123 Beschäftigten 2 als Kohlenmeister, 2 als Kohlenträger und 22 als Kohlenknechte tätig. Von 1640 bis 1653 wurden 44 036 Klafter Holz nach Eberfingen gebracht, daraus 184 892 Zuber Holzkohle bereitet, was einen Durchschnitt von 4,2 Zuber Holzkohle für ein Klafter Holz ergibt.

Aufgrund seiner Nachforschungen konnte Stoll eine Karte der Holzbeschaffungsgebiete des 17. und 18. Jahrhunderts rekonstruieren (*Fig. 29*):

Die Waldungen waren teilweise bedenklich gelichtet worden. Die im Laufen gebrauchte Holzkohle stammte sicher zum Teil auch aus diesen Gebieten. Von wo die Holzkohle im 19. Jahrhundert kam, war nicht zu eruieren.

Besitzverhältnisse

Schon im 17. Jahrhundert war der grösste Teil des Waldes im Besitz der einzelnen Gemeinden (ca. 70 %). Den Rest teilten sich zu etwa gleichen Teilen der Staat und private Besitzer. Grössere Waldkomplexe konnten begüterten Stadtfamilien (z. B. Familie Peyer) gehören.

Nach Auskunft des Kantonalen Forstamtes Schaffhausen verteilen sich heute die Waldflächen im Südranden auf folgende Eigentümer:

Eigentümer	Gemeinde	Kanton	Stadt Schaffh.	Hallau	Ober-Hallau	Privat	Total
Neuhausen	148	141	24			2	315
Beringen	10			134			144
Guntmadingen	15		150	104	45	50	364
Neunkirch	784					11	795
Wilchingen	575					27	602
Osterfingen	296						296
Total Südranden	1828	141	174	238	45	90	2516 ha

Dass vor allem die Gemeinden im Besitz des Waldes waren, war für den Erzbau nicht unwichtig. Die erzführenden Gebiete lagen räumlich fast ausschliesslich innerhalb dieser Waldflächen.

Der Schaden durch die Erzgräber

Viel grösser als der Schaden durch die Holzköhlerei waren die Schädigungen durch das Erzgraben. Das Fällen der Bäume im Grubenbezirk war weniger verheerend als der häufige Raubbau und die rücksichtslose Erzwäscherei. Durch das

72

Ablassen des ausgewaschenen Bolustones in den Wald wurde der Boden derart verschlammt und abgedichtet, dass die Vegetation sehr darunter litt und oft über Jahre hinweg keine Pflanzen mehr wachsen konnten.

Zahlreiche Klagen und Schadenersatzforderungen der betroffenen Gemeinden an den Rat der Stadt Schaffhausen zeugen von diesem Übel.

Bereits 1678 verlangte die Gemeinde Wilchingen Schadenersatz für 4 Jucharten verdorbenen Wald. Nach einer Visitation verlangte die Gemeinde Neunkirch 1699 für den angerichteten Schaden ebenfalls eine Entschädigung. 1714 waren es wiederum Wilchingen und Neunkirch, die sich beschwerten. Der Grubenvogt wurde beauftragt, bessere Kontrollen zu führen, doch offenbar ohne grossen Erfolg.

Zudem scheint von den Erzgräbern Holzfrevel betrieben worden zu sein. Mit dem neuen Holzreglement vom 2. April 1764 wurde ihnen dies untersagt:

«6to Weilen auch ohnwidersprüchlich von den Erzgräberen seit geraumen Jahren in obbemelt und anderen Waldungen namhafte Frevel begannen worden als solle ihnen fürohin bei hochoberkeitlicher Straf, wann sie ab den Erzgruben nach Haus gehen, kein anderer Holz als etwan da oder dorten liegendes ohnschädlich dörres Brennholz mit sich zu nehmen erlaubt und gestattet sein.»

Als 1770 der Hochofen im Laufen mangels Holzkohle stillgelegt wurde, kam dies manchen Gemeinden sehr gelegen. Sie hatten aus ihren Waldungen immer allerlei Nutzen (Weidgang, Brennholz u. a. m.) gezogen und waren deshalb froh, dass der Wald sich wieder erholen konnte. (Andererseits beklagten sich nun die ehemaligen Erzgräber wegen ihrer Arbeitslosigkeit.)

Als 1799 der Schmelzofen wieder in Betrieb genommen werden sollte, verbot der Rat, Holzkohle aus den «Nationalwaldungen unseres Kantons» zu beziehen. Nachdem die Bergwerksadministration unter J. C. Fischer 1801 den Erzabbau im Südranden wiederaufgenommen hatte, liess die Gemeinde Wilchingen erneut von sich hören: Die Bürger beschlossen, ihr einziges Gut, den Wald auf dem Rossberg, nicht ruinieren zu lassen. 1839 waren es die Neunkircher, die wegen der in ihren Waldungen angerichteten Schäden dem Grubenbau heftigen Widerstand entgegenzusetzen begannen. Am 4. 12. 1838 ersuchte der Gemeinderat von Neunkirch die Finanzkommission in Schaffhausen, die auf dem Bannbezirk der Gemeinde befindlichen Erzgruben bis auf 2 oder 3 Gruben zu schliessen. Dieser Bitte wurde aber mit dem Hinweis auf die Hoheitsrechte des Staates (Bergbauregal) nicht entsprochen. Das Bewusstsein um den Wert eines gesunden Waldes war aber so stark in der Bevölkerung verwurzelt, dass sich nun mit 30 Stöcken bewaffnete Neunkircher Bürger zu den Erzgruben begaben und die Arbeiter, die übrigens zum grössten Teil Osterfinger waren, nötigten, diese sogleich zu verlassen. Diese Haltung hatte gerichtliche Folgen. Die Bergwerksadministration und Neunkirch einigten sich schliesslich darauf, dass neue Gruben, die weniger als 50 Kübel Erz lieferten, eingeebnet werden sollten, dass die Knappen mehr Rücksicht auf den Wald zu nehmen hätten und die Gemeinde eine höhere Entschädigung für allfällig entstandene Schäden erhalten sollte. Da aber die Technik des Abbaus und der Erzwäscherei nicht geändert wurden, blieben die Zustände mehr oder weniger gleich. Erst die Stillegung des Bergbaus um 1850 wirkte sich positiv auf den Wald aus.

Nachdem das Interesse an diesem Wirtschaftszweig «eingeschlafen» war, überliess man das Abbaugebiet sich selbst. Es wurden keine Anstrengungen unternommen, die Bauplätze aufzuräumen und die Gruben einzuebnen. Die unregelmässige Oberfläche führte zwangsläufig zu Konflikten mit der modernen Waldbewirtschaftung. Die Förster bemühten sich, die Situation zu verbessern, indem sie das Astwerk gefällter Bäume in die alten Gruben deponieren liessen. Um den Prozess der Einebnung zu beschleunigen, hat man in den letzten Jahren einzelne Vertiefungen maschinell planiert. Im Rahmen der Bestrebungen der Industriearchäologie, bedeutsame Zeugen vom Beginn der Industrialisierung zu erhalten, wurden bereits einige Gruben im Raume Rossberg unter Denkmalschutz gestellt. Auch der Naturschutz zeigt vor allem für die mit Wasser gefüllten Bohnerzgruben grosses Interesse. Im Laufe der Zeit werden die Gruben durch Anhäufung von Biomasse und das Einfallen der Grubenränder soweit eingeebnet, dass bald ein Grossteil von ihnen kaum noch zu erkennen sein werden.

Zusammenfassung

Im Gebiet des Schaffhauser Südrandens finden sich gegen 1000 meist runde, bis 10 m breite und 3 m tiefe Bohnerzgruben. Sie gaben Anlass, den ehemaligen Bergbau und insbesondere seine Auswirkungen auf die damalige Kulturlandschaft zu untersuchen. Mit Hilfe von verschiedenen Belegen (Spuren im Gelände, alte Karten, Urkunden, Protokolle, Statistiken u. a. m.) war es möglich, die Frage nach dem Umfang und der Bedeutung des ehemaligen Bohnerzbergbaus zu beantworten und ein genaues Bild über die Erzgewinnung und Verarbeitung zu erhalten.

Bergbau wurde im Südranden zu verschiedenen Zeiten betrieben. Phasen mit intensiviertem Abbau wechselten mit solchen von geringerer Bedeutung. Vor allem zwei Abschnitte sind für das Untersuchungsgebiet von grosser (ökonomischer) Wichtigkeit: die Periode von der Mitte des 16. Jahrhunderts bis 1770 und die letzte Bergbauperiode von 1800 bis 1850.

Das im 16. Jahrhundert auf dem Südranden geförderte Bohnerz wurde vorerst im Hochofen von Jestetten (1588–1615) verhüttet. Im 17. und 18. Jahrhundert wurden die zwei neueröffneten Hüttenwerke Eberfingen an der Wutach (1622–1762) und Laufen am Rheinfall (1630–1771) mit Bohnerz aus dem Südranden beliefert. Wegen wirtschaftlicher Schwierigkeiten, die vor allem in der immer kostspieliger werdenden Holzkohlebeschaffung aus dem Schwarzwald, der anwachsenden Konkurrenz durch billigeres Importeisen und steigenden Arbeitslöhnen begründet waren, erfolgte im 18. Jahrhundert die Stilllegung beider Werke.

In der Helvetik (1798) ging das Bergbauregal vom Kanton an den Bund über, welcher die Wiederbelebung dieses Wirtschaftszweiges beschloss. Danach wurde das Regal wieder an den Kanton abgegeben, welcher J. C. Fischer als Bergwerksadministrator einsetzte. Sein Name ist denn auch eng mit der letzten Periode des Bergbaus verknüpft. Fischer, der nachmalige Begründer der +GF+-Werke, wachte somit über die Bohnerzgruben, die nun erstmals systematisch ausgebeutet wurden.

Die Wiedereröffnung des Schmelzofens im Laufen am Rheinfall im Jahre 1810 war Johann Georg Neher zu verdanken, der fortan die Bohnerze vornehmlich aus dem Südranden bezog. Später erwarb er zusätzlich das Eisenbergwerk Gonzen bei Sargans. Damit standen sich mit Neher als Vertreter der Privatindustrie und Fischer als Anwalt der staatlichen Interessen bei den Verhandlungen über die Erzlieferungen und Erzpreise zwei dominierende Persönlichkeiten gegenüber.

Der Import billigeren ausländischen Eisens, das auf dem Schienenweg transportiert werden konnte, und der Mangel an Holzkohle führten 1850 zur Stilllegung des Hochofens am Rheinfall und damit auch zur Aufgabe des Bohnerzbergbaus in den Zuliefergebieten.

Aufgrund der recht guten Quellenlage lässt sich der Einfluss der Bergbautätigkeit auf die Kulturlandschaft, speziell in der letzten Abbauperiode, verfolgen. Es konnte gezeigt werden, dass durchschnittlich 60 bis 70 Erzgräber, vornehmlich Osterfinger, und zeitweise über 100 Fuhrleute im Bergbau tätig waren und dass die Einnahmen der Bergleute die äusserst schlechte wirtschaftliche Lage der Klettgauer Bevölkerung lindern konnte. Nach Eintreten der allgemeinen Wirtschaftskrise um 1850 verzeichneten die Klettgauer Gemeinden insbesondere nach der Einstellung des Bergbaus einen massiven Bevölkerungsrückgang. Dies äusserte sich in der Abwanderung in die Stadt und einer Auswanderung nach Übersee. Andere Schaffhauser Gemeinden spürten den Bevölkerungsrückgang erst nach 1860 oder 1870.

Die Bergwerksadministration arbeitete zwischen 1805 und 1850 nach Abzug aller Betriebskosten mit durchschnittlich 20 % Reingewinn, welcher der Staatskasse als Einnahmen zufloss. Diese machten mit ca. 2,7 % einen relativ bescheidenen, aber nicht unwichtigen Posten der kantonalen Einnahmen aus.

Die Untersuchung der Abbautechnik im Bohnerzbergbau und die Beleuchtung der Eisenverhüttung im Laufen am Rheinfall bilden weitere Schwerpunkte. Ferner werden geeignete Methoden der kartographischen Erfassung der topographischen Lage der Gruben und zum Aufstellen eines Grubenkataloges erarbeitet.

Bei der Bearbeitung der Frage nach der Beeinflussung des Waldes durch die Erzgräberei zeigte sich, dass der Wald während der Abbauphasen nicht gerodet wurde. Der heutige Wald ist jedoch bezüglich Bestand, Artenreichtum und Dichte mit dem damaligen nicht identisch. Der durch die Erzwäscherei angerichtete Schaden war gross und gab häufig Anlass zu Klagen und Streitigkeiten. Durch Ablassen von tonverschmutztem Wasser in den Wald wurde der Boden derart verschlammt und abgedichtet, dass stellenweise jahrelang keine Vegetation mehr aufkommen konnte.

Heute bestehen nur noch Reste alter Bohnerzgruben und einige Spuren ehemaliger Stollenbauten. Im Rahmen der Bestrebungen der Industriearchäologie, Zeugen vom Beginn der Industrialisierung zu erhalten, wurden einige Gruben unter Denkmalschutz gestellt. Auch der Naturschutz zeigt für die mit Wasser gefüllten Gruben grosses Interesse, da einige schützenswerte Biotope darstellen. Es dürfte aber nur eine Frage der Zeit sein, bis ein Grossteil der Gruben nicht mehr sichtbar sein wird. Durch Anhäufung von Biomasse in den Gruben und das weitere Einfallen der Grubenränder werden sie allmählich aufgefüllt oder aus forstwirtschaftlichen Gründen sogar eingeebnet.

Es ist unvermeidlich, dass etliche Fragen in der Arbeit nicht beantwortet werden konnten oder dass ihre Erhellung neue Fragen aufgeworfen hat. Manche Problempunkte konnten auch nicht bis ins Detail geklärt werden, sei es aus zeitlichen Gründen oder aus Mangel an Unterlagen. Es ist zu hoffen, dass im Rahmen künftiger Arbeiten weitere Untersuchungen und eine Vermessung aller Gruben durchgeführt werden können, letzteres evtl. in Zusammenarbeit mit dem Institut für Denkmalpflege der ETH Zürich.

Anmerkungen

[1] *Schalch, F.:* Erläuterungen zu Blatt Griessen, Wiechs–Schaffhausen, Jestetten–Schaffhausen, der geol. Spezialkarte von Baden, 1:25000, Badisch Geol. Landesanstalt und Schweiz. Geol. Kommission, 1916, 1921, 1922.

[2] *Birchmeier, Christian:* Die Bohnerzgruben auf dem Reiat, Kulturblatt Nr. 58, Schleitheimer Bote, 29. 11. 1984.

[3] *Würtenberger, F. J.:* Die Tertiärformation im Klettgau, in: Zeitschrift der Deutschen Geol. Gesellschaft, Heft 22. 1870.

[4] *Schalch, F.:* siehe Anmerkung 1.

[5] *Baumberger, E.:* Die Bohnerzgebiete im Kanton Schaffhausen, in: Die Eisen- und Manganerze der Schweiz, Studiengesellschaft zur Nutzbarmachung schweiz. Erzlagerstätten, 1. Lfg., Geotechnische Serie 13, 1–3, Bern 1923.

[6] *Hofmann, F.:* Erläuterungen zu Blatt Neunkirch des Geologischen Atlasses der Schweiz, 1:25000, Schweiz. Geologische Kommission, Basel 1981.

[7] *Lang, Robert:* Der Bergbau im Kanton Schaffhausen, in: Zeitschrift für schweiz. Statistik, 1903.

[8] *Weisz, L.:* Die Eisengewinnung im Klettgau, in: NZZ Nr. 1367, 1409, 1530, Zürich 1937, und in: Studien zur Handels- und Industriegeschichte der Schweiz, Zürich 1938.

[9] *Baier, H.:* Eisenbergbau und Eisenindustrie zwischen Jestetten und Wehr, in: Zeitschrift für Geschichte des Oberrheins, Heidelberg 1922.

[10] *Stoll, M.:* Das Eisenwerk Eberfingen und dessen Holzversorgung, Lahr 1954.

[11] *Frei, H.:* Der frühe Eisenerzbergbau und seine Geländespuren im nördlichen Alpenvorland, Münchner Geographische Hefte Nr. 29, Regensburg 1966.

[12] *Hofmann, F.:* Blatt 1031, Neunkirch, 1:25000, des Geologischen Atlasses der Schweiz, Geol. Kommission, Bern/Neuhausen 1981.

[13] *Malm* = Kalkschicht der Jura-Formation.

[14] *Guyan, W. U.:* Bild und Wesen einer mittelalterlichen Eisenindustrielandschaft im Kanton Schaffhausen. Habil. Schrift Universität Zürich, in: Schriften des Instituts für Ur- und Frühgeschichte der Schweiz, Heft 4, Basel 1946.

Guyan, W. U.: Mittelalterliche Eisenhütten im Kanton Schaffhausen, in: NZZ 23. 9. 1964 und in: Allerheiligen-Bücherei, Museum Allerheiligen: Schaffhauser Eisenhütten und Hammerschmieden im Mittelalter.

Schib, K.: Eisengiessereien: Eisengewinnung, in: Schaffhauser Beiträge zur vaterländischen Geschichte, Nr. 43, Thayngen 1966.

Schib, K.: Die Eisengewinnung und Verarbeitung im mittelalterlichen Schaffhausen auf Grund der Urkunden und Akten, in: Beiträge zur vaterländischen Geschichte, Nr. 43, Thayngen 1966.

[15] *Rohr, H. P.:* Orts- und Flurnamen der Region Schaffhausen auf gedruckten alten Landkarten, in: Schaffhauser Beiträge zur Geschichte, Nr. 57, Schaffhausen 1980.

[16] *Frei, H.:* siehe Anmerkung 11.

[17] *Lang, R.:* siehe Anmerkung 7.

[18] siehe Anmerkung 10.

[19] *Erzinger, Hch.:* Die Auswanderung im Kanton Schaffhausen, ihre Ursachen und Gegenmittel, Schaffhausen 1853.

[20] *Stoll, M.:* siehe Anmerkung 10.

Bibliographie

Die folgenden Angaben beschränken sich auf das Allernotwendigste und Wichtigste. Eine detaillierte Quellen- und Literaturangabe finden Sie in meiner Diplomarbeit, die im Staatsarchiv Schaffhausen und in der +GF+-Eisenbibliothek, Klostergut Paradies, zur Einsicht aufliegt.

Quellen

1. ungedruckte Quellen wurden benützt in folgenden Archiven:
Bundesarchiv Bern
Eisenbibliothek +GF+, Klostergut Paradies
Generallandesarchiv Karlsruhe
+GF+-Fotoarchiv
+GF+-Werkarchiv
Kantonsbibliothek Frauenfeld (Kartensammlung)
Staatsarchiv Schaffhausen: Hier fand ich die meisten und wichtigsten Akten
Stadtarchiv Schaffhausen
Stadtbibliothek Schaffhausen (Handschriftenabteilung)
Universität Bern: Geol.-Petrograph. Institut

2. gedruckte Quellen

AGRICOLA, G.: Vom Berg- und Hüttenwesen, Basel 1556, Ausg. dtv Nr. 6086.
JETZLER, CHR. Freye Gedanken über die Beschaffenheit unseres Waldwesens, Schaffhausen 1770, in: Mitteilungen NGS, Bd. XXII.
Eidgenössische Volkszählungen: 1850–1930.
LANG, ROBERT: Der Bergbau im Kanton Schaffhausen, in: Zeitschrift für schweiz. Statistik, 1903.

3. Zeitungen

NZZ 7. 8. 1937: WEISZ, L.: Die Eisengewinnung im Klettgau
Heimatblatt 5. 2. 84: BIRCHMEIER, CHRISTIAN: Die Bohnerzgruben auf dem Reiat.
Schleitheimer Bote: Kulturblatt Nr. 37 und 38 vom 28. 1. 83 und 4. 3. 83: BIRCHMEIER, CHRISTIAN: Der historische Bohnerzbergbau im Südranden des Kantons Schaffhausen.

4. Karten:

div. topographische Karten verschiedener Autoren
Geologische Karten von: BAUMBERGER E., HOFMANN F., HÜBSCHER J., HUG J., SCHALCH F.

Darstellungen:

BADER, K.: Eisenwerke im Gebiet zwischen Hochrhein und oberer Donau, in: Vita pro Ferro, Schaffhausen 1965.

BAIER, H.: Eisenbergbau und Eisenindustrie zwischen Jestetten und Wehr, in: Zeitschr. f. d. Geschichte des Oberrheins, Heidelberg 1922.

BAUMBERGER, E.: Die Bohnerzgebiete im Kanton Schaffhausen, Geotechn. Serie 13, Bern 1923.

GUYAN, W. U.: Bild und Wesen einer mittelalterlichen Eisenindustrielandschaft im Kanton Schaffhausen, Habil. Schrift Universität Zürich, 1946.

HOFMANN, F.: Erläuterungen zu Blatt Neunkirch des Geol. Atlasses der Schweiz, 1:25 000, Basel 1981.

KARSTENS, C. J. B.: Auszug aus: «Archiv für Bergbau und Hüttenwesen»: Über die Eisenhüttenanlage zu Laufen am Rheinfall», Breslau 1818.

SCHALCH, F.: Erläuterungen zu den Blättern Griessen, Wiechs und Jestetten der geol. Spezialkarte des Grossherzogtums Baden, 1921.

SCHIB, K.: div. Arbeiten über Neher und die Eisengewinnung in Schaffhausen, in: Schaffhauser Beiträge Nr. 33, 34, 43.

STOLL, H.: Das Eisenwerk Eberfingen und dessen Holzversorgung, Lahr 1954.

WYDER, S.: Die Schaffhauser Karte von Hauptmann Hch. Peyer, 1621–1690, Diss. Uni Zürich 1951.

Früher erschienene Neujahrsblätter

Nr. 16 / 1964:   «Das Schaffhauser Bauernjahr, 2. Teil».*

Nr. 17 / 1965:   «Schaffhauser Heimat: Beringen».*

Nr. 18 / 1966:   «Der Bauerngarten».*

Nr. 19 / 1967:   «Insekten».*

Nr. 20 / 1968:   «Schaffhauser Heimat: Neunkirch».*

Nr. 21 / 1969:   «Die Maschinenanlagen der abgewrackten Schaufelraddampfer der Schaffhauser Rheinflottille – Die ersten Dampfschiffe auf Untersee und Rhein».*

Nr. 22 / 1970:   «Schaffhauser Heimat: Ramsen».*

Nr. 23 / 1971:   «Vom Schaffhauser Rebbau».

Nr. 24 / 1972:   «Schaffhauser Wasser in Gefahr?»

Nr. 25 / 1973:   «Orchideen des Randens».*

In schwarzem Einband, (teilweise) farbig bebildert, sind erschienen:

Nr. 26 / 1974:   «Mineralien im Kanton Schaffhausen».

Nr. 27 / 1975:   «Spinnen unserer Heimat».

Nr. 28 / 1976:   «Astronomie heute und morgen».

Nr. 29 / 1977:   «Amphibien unserer Heimat.»*

Nr. 30 / 1978:   «Reptilien der Schweiz».

Nr. 31 / 1979:   «Der Randen. Landschaft und besondere Flora».*

Nr. 32 / 1980:   «Sammlung des Geologen Ferdinand Schalch».

Nr. 33 / 1981:   «Von Mäusen, Spitzmäusen und Maulwürfen».

Nr. 34 / 1982:   «Das Eschheimertal und sein Weiher».

Nr. 35 / 1983:   «Libellen».

Nr. 36 / 1984:   «Der Randen. Werden und Wandel einer Berglandschaft».

Nr. 37 / 1985:   «Fledermäuse im Kanton Schaffhausen».

Nr. 38 / 1986:   «Bohnerzbergbau im Südranden».

(* nicht mehr lieferbar, Stand Herbst 1985)

Kommissionsverlag P. Meili & Co., 8200 Schaffhausen